水利工程管理与技术应用研究

蔡光明　胡琳琳　张　龙　主编

汕头大学出版社

图书在版编目（CIP）数据

水利工程管理与技术应用研究 / 蔡光明，胡琳琳，
张龙主编 . -- 汕头：汕头大学出版社，2023.2
ISBN 978-7-5658-4944-2

Ⅰ . ①水… Ⅱ . ①蔡… ②胡… ③张… Ⅲ . ①水利工
程管理 Ⅳ . ① TV6

中国国家版本馆 CIP 数据核字（2023）第 031660 号

水利工程管理与技术应用研究
SHUILI GONGCHENG GUANLI YU JISHU YINGYONG YANJIU

主　　编：蔡光明　胡琳琳　张　龙
责任编辑：黄洁玲
责任技编：黄东生
封面设计：姜乐瑶
出版发行：汕头大学出版社
　　　　　广东省汕头市大学路 243 号汕头大学校园内　邮政编码：515063
电　　话：0754-82904613
印　　刷：廊坊市海涛印刷有限公司
开　　本：710mm×1000 mm　1/16
印　　张：8.25
字　　数：140 千字
版　　次：2023 年 2 月第 1 版
印　　次：2023 年 3 月第 1 次印刷
定　　价：46.00 元
ISBN 978-7-5658-4944-2

前言

　　水利工程施工是按照设计提出的工程结构、数量、质量、进度及造价等要求修建水利工程的工作。水利工程的运用、操作、维修和保护工作，是水利工程管理的重要组成部分，水利工程建成后，必须通过有效的管理，才能实现预期的效果和验证原来规划、设计的正确性；工程管理的基本任务是保持工程建筑物和设备的完整、安全，使其处于良好的技术状况；正确运用水利工程设备，以控制、调节、分配、使用水资源，充分发挥其防洪、灌溉、供水、排水、发电、航运、环境保护等效益。做好水利工程的管理是发挥工程功能的鸟之两翼、车之双轮。

　　水利工程通过调配地下水和地表水，从而达到除害兴利的目的，对社会的经济发展和人民的人身安全等有着重要的意义。因此，加快水利工程建设，提高水利专业人员施工管理水平对保护国家安全和财产有着极其重要的意义。

　　本书首先介绍了水库管理与调度运用研究；然后阐述了水工建筑物的管理与维修、水利工程中的水闸、渠系输水建筑物的养护与修理，以适应水利工程管理与技术应用研究的发展现状和趋势。

　　本书突出了基本概念与基本原理，在写作时尝试多方面知识的融会贯通，注重知识层次递进，同时注重理论与实践的结合。希望可以对广大读者提供借鉴或帮助。

　　由于作者水平有限，书中难免存在疏漏和不足之处，敬请广大读者批评指正。

目录

第一章　水库管理与调度运用研究 ……………………………… 1

　　第一节　水库概述 …………………………………………… 1

　　第二节　水库的控制运用 ………………………………… 6

　　第三节　坝身管理 ………………………………………… 8

　　第四节　溢洪道检查管理 ………………………………… 16

　　第五节　涵洞检查管理 …………………………………… 23

　　第六节　水库的泥沙淤积及防沙措施 …………………… 27

　　第七节　供水调度 ………………………………………… 31

　　第八节　水库调度运用 …………………………………… 33

　　第九节　渠道工程调度运行 ……………………………… 39

第二章　水工建筑物的管理与维修 …………………………… 45

　　第一节　水工建筑物的管理 ……………………………… 45

　　第二节　水工建筑物的维修 ……………………………… 55

第三章　水闸的养护与修理 …………………………………… 58

　　第一节　水闸的养护与修理概述 ………………………… 58

　　第二节　水闸的检查与养护 ……………………………… 62

第三节　水闸的病害处理 ……………………………………… 72

第四节　橡胶坝的养护及修理 ………………………………… 79

第四章　渠系输水建筑物的养护与修理 ……………………… 86

第一节　渠系建筑物概述 ……………………………………… 86

第二节　隧洞的养护与修理 …………………………………… 89

第三节　倒虹吸管及涵管的养护与修理 ……………………… 98

第四节　渠道的养护与修理 …………………………………… 105

第五节　渡槽的养护与修理 …………………………………… 113

第六节　渠系建筑物冻胀破坏的防治 ………………………… 121

参考文献 ………………………………………………………… 125

第一章 水库管理与调度运用研究

第一节 水库概述

水库作为人类防洪减灾、开发利用江河资源的重要手段，一直是我国国民经济基础建设的重要组成部分。据统计，我国已建水库约有8.6万座，其中大型水库445座，中型水库2782座，小型水库8.2万余座。这些水库为维护我国社会稳定，保障社会经济的可持续发展发挥了巨大作用。它们不仅为我们带来了社会效益和经济效益，同时对改善干旱与半干旱地区的生态环境也起到了重要作用。

一、水库的作用及类型

水库是以兴利除害为目的而拦蓄一定量河川径流并可调节水流（量）的蓄水工程。一般多指在河流上建坝抬高水位而形成的人工湖。根据需求不同，水库的功能各异。例如，为了防洪，水库功能为拦蓄和控制洪水；为了发电，水库的功能为储能；为了灌溉和供水，水库功能是"储水仓库"；对于航运，水库则起到调节枯水期流量，淹没急流险滩，改善航运条件的作用。水库修建的目的有利用水能发电、防洪、灌溉、给水、运输和水产养殖等，在江河上游山区建筑水库，主要目的多是利用水能；在中游以下多以灌溉、防洪为目的。虽然建立水库的目的有主有次，但绝大多数水库都是综合利用的。

水库可以根据其总库容的大小划分为大、中、小型水库，其中大型水库和小型水库各自又分为两级，即大（1）型、大（2）型，小（1）型、小（2）型。因此，水库规模的大小分为四等。

（一）按用途分类

水库按其用途可分为单目标的和多目标的两种。单目标水库只具有几种用途，如防洪水库、发电水库、灌溉水库、供水水库、航运、浮运水库等。多目标水库又称为综合利用水库，它具有防洪、发电、灌溉、供水、航运、养殖、旅游等多种用途或其中的一种用途，如新安江水库、丹江口水库等均属这一类型的水库。

（二）按调节能力分类

根据水库对径流的调节能力，水库可分为日调节水库、周调节水库、季调节水库（或年调节水库）、多年调节水库。

（三）按位置分类

根据在河流上的位置，水库可分为山谷型水库、丘陵型水库、平原型水库三类。山谷型水库位于河流上游的高山峡谷中，库区为狭长形，回水延伸较长，如龙羊峡水库、刘家峡水库等。丘陵型水库位于河流中游山前区（丘陵区），由于库区比较开阔，所以同样坝高的情况下比山谷型水库的库容要大，如新安江水库、岳城水库、黄壁庄水库等。平原型水库位于河流下游平原区，利用天然洼地（盆地）或湖泊筑坝形成的水库，前者如苏联的齐姆良水库，后者如我国的镜泊湖水库和非洲的卡里巴水库等，这种水库的库面开阔，大坝高度不大而较长，水库淹没面积较大。

此外，水库还可以分为地上水库和地下水库。修建在地面上的各种水库均属于地上水库；利用地面以下的冲积层或山岩溶洞将渗入地下的水储存起来，以供灌溉、供水等的水库，称为地下水库。地下水库一般又可分为：利用历史上河道变迁遗留下来的古河道修建的水库，如河北省的南宫水库；利用古代河流的冲积扇修建的水库；利用喀斯特溶洞修建的水库，如六郎洞水库。由于地下水库是利用地面以下的空间来储存水量，因此不存在淹没问题，水库的蒸发也很少，但有时存在浸没问题。

二、水库对周围环境的影响

水库能给国民经济各个方面带来许多综合效益，也能对周围环境产生一定的影响，如造成淹没、浸没、库区塌岸、气候和生态环境的变化等。

水库是人工湖泊，它需要一定的空间来储存水量和滞蓄洪水，因此将会淹没大片土地、设施和自然资源，如淹没农田、城镇、工厂、矿山、森林、建筑物、交通和通信线路、文物古迹、风景游览区和自然保护区。水库的淹没可分为永久性淹没和临时性淹没两种。位于水库正常蓄水位以下的库区，属于永久淹没区；位于正常蓄水位以上到校核洪水位之间的库区，属于临时淹没区。位于永久淹没区内的居民，必须迁移到安全地带，重新安排他们的生活和生产。位于临时淹没区内的居民，则可不必迁移，但应采取一定的防洪措施。水库淹没面积的大小，取决于水库的库容、库面面积及地理位置，根据我国321座大型水库的统计，蓄水量为2781.918亿立方米，淹没耕地871.23万亩，移民448.57万人。

水库建成蓄水后，周围地区的地下水位将会随之抬高，在一定的地质条件下，这些地区会出现浸没现象，如土地产生沼泽化；引起农田盐碱化，使农田荒芜或农作物减产；引起蚊蝇滋生，使居民的卫生和饮水条件恶化；引起建筑物地基沉陷，房屋倒塌，道路翻浆。

河道上建成水库后，进入水库的河水流速减小，水中挟带的泥沙便在水库淤积，占据了一定的库容，影响到水库的效益，缩短了水库的使用年限。特别是一部分颗粒较粗的泥沙在水库入口处淤积，形成所谓的"拦门沙"，使水库回水抬高，扩大了库尾和支流的淹没面积，减小了航道的水深，并造成港口淤塞和影响上游建筑物的正常工作。

通过水库下泄的清水，使下游河水的含沙量减少，引起河床的冲刷，从而危及下游桥梁、堤防、码头、护岸工程的安全，并使河道水位下降，影响下游的引水和灌溉。

随着水库的蓄水，水库两侧的库岸在水的浸泡下使得岩土的物理力学性质发生变化，抗剪强度减小，或者是在风浪和冰凌的冲击和淘刷下，致使库岸丧失稳定，产生坍塌、滑坡和库岸再造。库岸的大量坍塌，也将引起大片农田和森林的破坏，并将危及岸边建筑物及居民点的安全。

修建水库，特别是大型水库以后，形成了人工湖泊，扩大了水面面积，因此将会影响库区的气温、湿度、降雨、风速和风向。通常库区的年平均气温会增高，气温的日变幅和年变幅将减小；空气的绝对湿度和相对湿度增加；水库水域上面的直接降水量减少，库区周围地区的降水量增加；风速变大，风向改变，还将产生海陆风；水库水面的蒸发量增大。新安江水库建成后，位于库区中部的淳安站较周围屯溪、歙县、桐庐、富阳各站的年平均气温高0.4～0.8℃，12月份平均气温高1.5℃，1月份平均气温高1.1～1.2℃，极端低气温高3.6～5.4℃；无霜期比屯溪多33天，比衢县多10天；全流域的降雨量平均减少13%。埃及的纳赛尔水库，建库前该地区很少下雨，水库建成后却迎来了多年来的第一次降雨。加纳的沃尔特湖蓄水后，雨季由原来的10月提前到7月。

在天然环境下，江河中的水经年累月不停地流动，水体对周围的环境形成了一种自然生态平衡。修建水库后，原来是流动的水被水库拦蓄起来，变成静水，在太阳的热辐射作用下，水温增高，水中的微生物就会增加。如果上游河水中含有大量氮磷物质，则水中的浮游生物和水生植物就会大量繁殖，这给适应在缓流和静水中摄食浮游生物的鱼类提供了一个良好的生活环境，也是适宜的产卵场所，特别是产黏草性卵的鱼的良好产卵场所。但是，在河道上修建水库后隔断了鱼类洄游的路径，对洄游鱼类，特别是那些需上溯到水库上游或支流去繁殖的鲑科鱼类产生了极不利的影响。同时，水库的回水也会淹没某些鱼类的产卵场所。

水库能为人民提供优质的生活用水和美丽的生活环境，但水库的浅水区杂草丛生，是疟蚊的滋生地。周围的沼泽地也是血吸虫中间宿主钉螺繁殖的良好环境。

修建水库后，由于水库中水体的作用，在一定的地质条件下还可能出现水库诱发地震现象，或简称水库地震。目前世界上有近30个国家的76座水库蓄水后发生了地震，其中53处已确定为水库诱发地震。产生6级以上水库地震的有印度的柯依纳、赞比亚－津巴布韦的卡里巴、中国的新丰江、希腊的克雷马斯塔等。

水库能给国民经济带来巨大的效益，也会给周围的环境带来一定的不利影响，但前者是十分重要的，而后者也是可以通过一定的措施加以改善和减免的。

三、我国水库面临的主要问题

由于我国水库建设和管理中存在种种问题，致使许多水库健康状况都受到了不同程度的影响，有些甚至严重影响了防洪安全和水库效益的正常发挥，缩短了水库的正常使用寿命。水库健康面临的问题主要表现在以下四个方面：

（一）水库病险问题突出

我国水库大多建设时间较早，工程标准普遍偏低、质量较差，加之工程管理与运行维护不及时，使得我国一大批水库不同程度地存在病险问题。据水利部组织的全国水库普查和安全鉴定，全国目前共有病险水库30381座，其中大型水库143座，中型水库1092座，小型水库29146座。

（二）库区泥沙淤积严重

我国河流含沙量高，库区泥沙淤积问题十分突出，导致水库综合效益降低，水库寿命缩短。据统计，我国8万多座水库，总库容近5000亿立方米，由于泥沙的淤积，库容减少了近40%，比较典型的是黄河三门峡水库，水库运用仅一年，库内淤积泥沙15.3亿吨，潼关高程抬高4.31米；运用第三年，库内淤泥已达50亿吨。

（三）水库富营养化加剧

据统计，在对93座水库进行营养化程度评价时，处于中营养化状态的水库65座，处于富营养化状态的水库14座。而在对161座水库进行营养状态评价时，所有水库都处于营养化状态，其中105座水库为中营养，56座水库为富营养。

（四）水库水质下降

水库水质下降是我国水库目前存在的一个主要问题，直接影响了水库的正常供水能力，危及人类饮水的安全。在对全国196座主要水库水质进行评价时，32座水库水质为Ⅳ类，10座水库水质为Ⅴ类，8座水库水质为劣Ⅴ类。

第二节　水库的控制运用

一、水库控制运用的意义

水库的作用是调节径流、兴利除害。但是，由于水库功能的多样性和河川未来径流的难以预知性，使水库在运用中存在一系列的矛盾问题，概括起来主要表现在四个方面：①汛期蓄水与泄水的矛盾；②汛期弃水发电与防汛的矛盾；③工业、农业、生活用水的分配矛盾；④在水资源的配置和使用过程中产生用水部门及地区间的不平衡而发生的水事纠纷问题。这就要求对水库应加强控制运用，合理调度。只有这样，才能在有限的水库水资源条件下较好地满足各方面的需求，获得较大的综合效益。如果水库调度同时结合水文预报进行，实现水库预报调度，这种情况所获得的综合效益将更大。

二、水库调度工作要求

水库调度包括防洪调度与兴利调度两个方面。在水情长期预报还不可靠的情况下，可根据已制定的水库调度图与调度准则指导水库调度，也可参考中短期水文预报进行水库预报调度，对于多沙河流上的水库，还要处理好拦洪蓄水与排沙关系，即做好水沙调度。水库群调度中，要着重考虑补偿调节与梯级调度问题。为做好调度的实施工作，应预先制订水库年调度计划，并根据实际来水与用水情况，进行实时调度。

水库年调度计划是根据水库原设计和历年运行经验，结合面临年度的实际情况而制定的全年调度工作的总体安排。

水库实时调度是指在水库日常运行的面临时段，根据实际情况确定运行状态的调度措施与方法，其目的是实现预定的调度目标，保证水库安全，充分发挥水库效益。

三、水库控制运用指标

水库控制运用指标是指那些在水库实际运行中作为控制条件的一系列特征水位，它是拟订水库调度计划的关键数据，也是实际运行中判别水库运行是否安全正常的主要依据之一。

水库在设计时，按照有关技术标准的规定选定了一系列特征水位，主要有校核洪水位、设计洪水位、防洪高水位、正常蓄水位、防洪限制水位、死水位等。它们决定水库的规模与效益，也是水库大坝等水工建筑物设计的基本依据。水库实际运行中采用的特征水位，在水利部颁布的《水库管理通则》中有规定：允许最高水位、汛末蓄水位、汛期限制水位、兴利下限水位等。它们的确定，主要依据原设计和相关特征水位，同时还须考虑工程现状和控制运用经验等因素。当情况发生较大变化，不能按原设计的特征水位运用时，应在仔细分析比较与科学论证的基础上，拟定新的指标，这些运行控制指标因实际情况需要随时调整。

（一）允许最高水位

水库运行中，在发生设计的校核洪水时允许达到的最高库水位。它是判断水库工程防洪安全最重要的指标。

（二）汛期限制水位

水库为保证防洪安全，汛期要留有足够的防洪库容而限制兴利蓄水的上限水位。一般根据水库防洪和下游防洪要求的一定标准洪水，经过调洪演算推求而得。

（三）汛末蓄水位

综合利用的水库，汛期根据兴利的需要，在汛期限制水位上要求充蓄到的最高水位。这个水位在很大程度上决定了下一个汛期到来之前可能获得的兴利效益。

（四）兴利下限水位

水库兴利运用在正常情况下允许消落到的最低水位。它反映了兴利的需要及各方面的控制条件，这些条件包括泄水及引水建筑物的设备高程，水电站最小工作水头，库内渔业生产、航运、水源保护及其他要求等。

第三节　坝身管理

我国的筑坝数量居世界首位。坝身的安全直接关系着水库和人民生命财产的安全。因此，必须重视坝身的管理工作，进行经常性的检查、养护和维修，发现问题及时处理，以确保水库的安全运用，延长使用寿命，充分发挥效益。

一、土坝的养护和修理

（一）土坝的检查和养护

1. 土坝的日常检查

根据各地的水库管理经验，土坝平时检查工作的内容，主要有以下几个方面：

第一，检查坝体以及坝体与岸坡或其他建筑物连接处有无裂缝，并分析裂缝产生的原因、发展情况。

第二，检查有无滑坡、塌坡、表面冲蚀、兽洞、白蚁穴道等现象。

第三，检查背水坡、坝脚、涵管附近坝体以及坝体与两岸接头处有无散浸、漏水、管涌或流土等现象。

第四，检查坝面护坡有无块石翻起、松动、塌陷或垫层流失等损坏现象，检查坝面排水沟是否有堵塞、淤积或积水现象，检查坝顶路面及防浪墙是否完好。

第五，结合日常检查，每年汛前和汛后应进行一次大检查，特别是在水库处于高水位、水位变化较大、暴雨时期及地震后应加强检查。

2. 土坝的养护工作

第一，在水库运用过程中，应按控制运用计划严格控制各期水位。放水时水位降落速度一般每昼夜不应超过1 m～2 m，以免造成土坝临水坡的滑坡。

第二，要经常保持坝顶、坝坡以及马道等表面的完整。发现坍塌、细微裂缝、雨淋沟、隆起滑动、兽穴或护坡破坏等，应及时加以维修。

第三，严禁在大坝和其他建筑物附近挖坑取土、爆破和炸鱼，以免影响大坝安全。禁止在坝上种植树木、放牧牲畜、堆放重物、建房等。不准利用护坡做航运码头或在坝坡附近的库面停泊船只、竹筏等漂浮物。不得利用坝顶、坝坡、坝脚做输水渠道。

第四，为保证坝面不受雨洪冲刷，应在坝顶、坝坡、坝端和坝趾附近设置集水、截水及排水沟，并注意保持经常性的整修、清淤，使排水畅通无阻。

第五，减压井的井口应高于地面，防止地表水倒灌。如果减压井因淤积而影响减压效果，应采取洗井、抽水或掏淤的方法清除井内淤积物。如果减压井已遭损坏无法修复，可将减压井用滤料填实，另打新井。

第六，注意坝体和坝基中埋设的各种观测设备和观测仪器的养护，以保证各种设备能及时和正常地进行观测。

（二）土坝裂缝及其处理

土坝裂缝对土坝的安全有很大威胁，是土坝常见的一种破坏形式，应给予足够的重视。产生裂缝的原因十分复杂，主要有以下三个方面：

1. 因筑坝土料失水干缩引起的裂缝

筑坝土料是含有一定水分的，经日晒蒸发后，土料由湿变干，土体表面发生干缩而产生裂缝，一般称为干缩裂缝，也称龟裂。筑坝时采用的土料黏性越大，含水量越高，出现干缩裂缝的可能性也越大。用壤土筑坝，裂缝较少。对于砂性土质，失水后不会干缩，不会产生龟裂。干缩裂缝，一般只发生在坝体的表面，多呈不规则分布，纵横交错。如裂缝的深度不超过1 m、缝宽小于1 cm时，一般不致影响坝体安全。但如长期受雨水浸渗，也可能引起滑坡、冲沟等，因此要及时进行处理。对于细小的龟裂缝，可将缝口土料翻松，重新夯压密实；对于较大的缝，夯实处理后，一般可在表面铺一层厚20 cm～30 cm的砂性土保护层，以防裂缝的继续发展。

对于有防渗体的土坝，如果干缩裂缝发生在黏土斜墙或铺盖上，可能会引起渗流破坏，影响防渗效果和土坝安全，也应及时进行开挖回填处理。

2. 因不均匀沉陷引起的裂缝

由于坝体和坝基土料不同，压缩性也不同。在相同荷载条件下，压缩性大的土料，其沉陷量大。由于土坝沿坝轴线方向的填筑高度不同，坝体各段垂直方向的压缩也不同。这些都是使土坝产生不均匀沉陷的内部原因。当不均匀沉陷量超过一定限度时，就会产生沉陷裂缝，一般可分横向裂缝、纵向裂缝、内部裂缝三种形式。这三种裂缝及渗漏通道，均属非滑动性的，处理的方法主要有以下三种：

（1）开挖回填法

开挖回填是裂缝处理方法中比较彻底的方法，适用于深度不大的表层裂缝及防渗部位的裂缝。对于深度小于1.0 m、宽度小于0.5 mm的纵向裂缝，以及由于干缩和冰冻等原因引起的细小的表面裂缝，可以只将缝口堵塞而不进行处理，但对于较深和较宽的干缩裂缝，应进行开挖回填处理。开挖回填法又分为梯形揳入法、梯形十字法和梯形加盖法。

（2）土坝灌浆

水库土坝（包括圩堤）坝体裂缝、暗沟、孔洞等隐患较深、较多，开挖翻修困难，或施工夯压不足，填土接近于松堆现象等情况，都可采用灌浆办法处理。从各地土坝（圩堤）灌浆后开挖探井检查结果来看，一般可看到涨入的泥浆沿堤坝轴向形成一道帷幕，肉眼可见的宽度或直径大于0.5 mm的裂缝或孔洞都被泥浆充填密实，并与两侧土层较好地挤压结合起来防渗，加固效果显著。

（3）开挖回填与灌浆相结合

此法适用于自表层延伸至坝体深处的中等深度的裂缝或水库水位较高，全部采用开挖回填有困难的部位。其做法是：先开挖回填裂缝的上部，对深处的裂缝再进行灌浆，但在灌浆前，必须先进行压重固脚处理后再行灌浆，防止因灌浆而引起滑坡。

3. 因滑坡引起的裂缝

因土坝滑坡而引起的裂缝，叫作滑坡裂缝。初期一般先出现纵向裂缝，随着裂缝的发展变成弧形。这种滑坡裂缝对土坝的危害性大，故应及时进行处理。一般有以下几种处理措施：

（1）开挖回填

对于因填土质量差或分期加高培厚引起的滑坡处理，最好将滑坡体全部挖除，再以坝体相同的土质回填，并分层夯实，达到原设计要求的干容重。在开挖回填时，要先修好坝趾的排水设施，使其保持排水通畅，并起到压脚抗滑的作用。

（2）放缓坝坡

如果由于坝坡过陡而引起滑坡，应结合处理滑坡体放缓坝坡。一般做法是：先将滑动土体挖除，并将坡面切成阶梯状，然后按放缓的坝坡加大坡面，用原坝体土料分层填筑，夯压密实。

（3）压重固脚

比较严重的滑坡，滑坡体底部往往脱离坝脚，必须在滑坡体下部采用堆筑块石压重固脚的措施，以增加其抗滑能力。

（4）清淤排水

对于坝基有淤泥或软弱土质而引起的滑坡，一般应将淤泥或软弱土层全部挖除或采用排水措施（开沟导渗）以降低淤泥或软弱土层的含水量。同时，在坝脚用砂石料压重固脚。

（5）开沟导渗

如原来的坝坡是稳定的，只是由于排水体失效，浸润线抬高，使坝坡土体饱和而引起的滑坡，则可采用此法。其做法是：从开始滑坡的顶点到坝脚下，开挖导渗沟，沟中埋砂石等导渗材料。然后将陡坡以上的土体削成斜坡，换填砂性土壤，做成与未滑坡前的相同坡度，并加以夯实，必要时可放缓坡度，压重固脚。

（三）土坝的渗漏及其处理

1. 土坝的渗漏

土坝的渗漏根据渗漏的现象可分为散浸和集中渗漏。散浸通常出现在下游坝坡面上，最初渗漏部位的坝面呈现湿润状态，随着土体的饱和软化，在坝坡面上就会出现细小的水滴和水流；集中渗漏则可出现在坝坡、坝基和岸坡上，渗水通常是沿着渗透通道、薄弱带或裂隙呈集中水股的形式流出，对大坝的危害较大。

根据渗漏发生的部位不同可分为坝身渗漏、坝基渗漏、接触渗漏和绕坝渗漏。其发生的原因如下。

（1）坝身渗漏

坝身渗漏的主要原因有坝身填筑质量差，如碾压不实，分期、分段施工或分层填筑时层面结合不密实；土料中含砂石、杂草、树根形成空隙，使透水性过大，蓄水后成为渗水通道；坝身过于单薄，坝趾排水不合格或堵塞失效，使浸润线抬高，渗漏水逸出坝面，其他如生物孔穴等，均能造成危及水库安全的渗漏。

（2）坝基渗漏

产生坝基渗漏的主要原因有坝基有强透水层，而没有做垂直防渗墙，防渗墙没有做到不透水层，防渗墙质量差，黏土铺盖厚度、长度不够或质量差，坝基清理不彻底，在坝前铺盖或坝后任意挖坑取土，破坏了地基的渗透稳定等。

（3）接触渗漏

土坝坝基未进行彻底清理；坝与地基接触面未做接合槽或接合槽尺寸过小；土坝与两岸连接处岸坡过陡，清理不彻底；防渗设备与基岩连接时未做截水墙；土坝与混凝土建筑物连接处未设防渗刺墙或防渗刺墙长度不足；坝下涵管未设截水环或截水环高度不足等原因，均会成为渗流的薄弱面，产生接触冲刷，成为集中渗流的通道。

（4）绕坝渗漏

库水通过土坝两端的岸坡渗往下游，这种渗漏现象称为绕坝渗漏。绕坝渗漏可能沿坝岸结合面，也可能沿坝端山坡土体的内部渗往下游。绕坝渗漏将使坝端部分坝体内的浸润线抬高，岸坡背后出现阴湿、软化和集中渗漏，甚至引起滑坡。产生绕坝渗漏的主要原因包括两岸地质条件过差，坝岸接头防渗处理措施不完善，施工质量不符合要求等。

2. 土坝渗漏的处理

土坝渗漏处理的基本方法是"上截"和"下排"，即在坝的上游面设置坝体防渗设备和坝基防渗设备用以阻截渗水；在坝的下游面设置排水和导渗设备，使渗水及时排出，而又不挟带土粒。

（1）上游防渗措施

①上游抛土：这种方法，施工简便，不必将库水放空，可直接在水中抛土。抛土的方法，一般可用船只将土料运至预定地点向库内抛投。土料宜选用易于崩解的黏性土。

②黏土铺盖：这种方法，必须放水处理，将渗漏部位全部露出水面。如坝基渗漏，还需将库水放空。土料宜选用黏土，分层夯实。

③黏土防渗墙：在坝基不透水层上建筑垂直防渗墙（或截水槽），是堵截坝

基渗漏的有效措施。

④灌浆：对于坝身、坝基和绕坝渗漏，均可采用灌浆方法处理，即在预定的部位灌注浆液防渗。其方法基本与土坝裂缝灌浆方法相同。

⑤堵塞洞穴：对于白蚁、獾、鼠、蛇等洞穴，应先破巢捕杀或熏烟灌浆毒杀，然后回填土料封闭夯实。

（2）下游导渗措施

①导渗沟：导渗沟应设在下游渗漏部位，形状有Y形、W形、Ⅰ形。沟宽0.5 m～0.8 m，沟深0.8 m～1.0 m，间距一般5 m～15 m，沟内按反滤要求分层填筑砂石材料。

②导渗培厚：对坝身渗漏严重，浸润线在坡面逸出，土坝坝身单薄的情况，宜在渗漏部位按反滤要求先贴一层砂壳，再培厚坝身断面。这不仅可以导渗，而且可以增加坝坡的稳定性。

③坝后导渗、压渗：坝基渗漏常用的有水平砂地、排水沟等。其做法是：先将坝后淤泥和沼泽土清除干净，铺一层厚0.3 m～0.5 m粗砂层，并在砂池的外边预埋一条排水管，上面铺一层0.2 m～0.3 m厚的碎石层，再铺一层粗砂防淤。如坝基渗漏严重，在坝后发生翻水冒砂、管涌或流土现象，则需采用压渗措施。常采用压渗台形式，这样既可使地基渗水排出，又可稳定坝基。

（四）白蚁的危害和防治

1. 白蚁的危害

白蚁分布极广，种类很多，我国已发现的白蚁有80多种。按白蚁的生活习性，大体上可分为土栖白蚁、木栖白蚁和土木两栖白蚁三种。白蚁不仅会对林木、农作物以及房屋、工程设施造成巨大的经济损失，还会威胁人民生命财产的安全。尤其是栖居在堤坝上的土栖白蚁对堤坝危害极大。

土栖白蚁在土坝内建巢繁殖，蚁巢相连的蚁路纵横交错，将坝身蛀成许多空洞，有的横穿大坝形成管洞。当库水位上涨时，成为漏水通道，随水压力的增大和时间的延长，带出大量泥土，洞径不断扩大，造成坝身突然下陷，如抢救不及，就可能酿成溃坝事故。因此，必须重视白蚁防治工作，彻底消除白蚁对土坝的危害。

2．白蚁的灭治方法

灭治白蚁首先要查明白蚁的活动规律，探得蚁道和主巢部位，然后采取各种方法进行灭治。白蚁巢位虽在地下深处，但要从地面取食，必然会留下种种外露的迹象。可根据树木和堤坝草木根茎有无受害情况以及坝体附近有无气孔泥被状况等表面迹象来判断。还可采用诱饵探巢法以及开沟查找蚁路等办法来查找。灭治的方法有：熏烟毒杀、灌浆毒杀、毒土灭杀、挖坑诱杀等。

3．白蚁的预防措施

对白蚁的预防，一般可采取以下措施：

（1）堤坝基础处理

在建造、翻修或加高培厚堤坝时，要注意做好清基，对堤坝坡上的杂草、树根要清除，特别是与堤坝两头相连的山坡更要注意检查，如有蚁患要认真清理。

（2）毒土层预防

对于新建堤坝，可在其表层的0.5 m～1.0 m加土夯实时，层层喷洒药剂，作为毒土防蚁层。在迎水坡正常水位以下及块石护坡部分则不需喷洒。这种毒土层在一定的时间内能起预防作用，但应注意对环境的污染。

（3）诱杀长翅繁殖蚁

在白蚁纷飞季节，可在离堤坝15 m～30 m处装置黑光灯，根据地形设置1～2排。在每盏灯下放置水盆，水面离灯40 cm左右，并在水面滴上火油，使分群有翅成虫跌落水中淹死。此外，还可利用生物进行防治，对青蛙、蝙蝠、蚂蚁等白蚁的天敌要加以保护，也可放养鸡群食蚁。

二、浆砌石坝坝体和坝基渗漏的原因及处理

（一）坝体渗漏原因及处理

1．坝体渗漏原因

浆砌石坝在蓄水后往往在下游面或廊道内发现射水、渗水或阴湿面，这些现象统称为坝体渗漏。造成坝体渗漏的原因包括：由于坝体产生裂缝而引起渗漏；砌石上游防渗部分，由于施工质量不好或者分缝不当，受温度影响，从而产生裂缝、接触冷缝或其他漏水通道；砌筑时砌缝中砂浆不够饱满，存在较多孔隙，或施工时砂浆过稀，干缩后形成裂缝，以致引起坝体渗漏；砌体石料本身抗渗标号

较低，库水渗过石料而形成阴湿面。

砌石坝下游渗水处往往有乳白色碳酸盐沉积物，这是坝体产生渗漏的明显标志。坝体刚蓄水时，渗水较多，但由于缝隙较细，渗水通道被水所分解的物质堵塞，故渗水逐渐减少，最后停止渗水。如渗漏通道较大，不易为分解物堵塞，则长期渗水，从而削弱坝身砌体的强度，影响工程安全。

2．坝体渗漏的处理

（1）水泥砂浆重新勾缝

当坝体石料质量较好，仅局部地方由于施工质量较差，如砌缝中砂浆不够饱满，或砂浆干缩产生裂缝而造成渗漏时，均可采用勾缝方法处理。重新勾缝方法与前述填塞封闭裂缝方法相同。

对于上游防渗墙裂缝引起的渗漏，当裂缝不稳定时，可进行表面粘补处理；当裂缝已稳定时，可进行勾缝处理。

（2）灌浆处理

当坝体砌筑质量普遍较差，大范围内出现严重渗漏，勾缝无效时，可采用从坝顶钻孔灌浆，在坝体上游部分形成防渗帷幕的方法处理。

（3）上游面加厚坝体

当坝体砌筑质量普遍较差，渗漏严重，勾缝无效，但又无灌浆条件时，可放空水库，在上游面加厚坝体起防渗层作用。如原坝体较单薄，则结合加固工作，采取加厚坝体更为合理。

（4）上游面增设防渗层

当坝体石料质量差，抗渗标号较低，加之砌筑质量不合要求，渗漏严重时，可采取在上游面增设混凝土防渗面板（墙）、五层砂浆防渗层或喷浆防渗层等方法处理。

混凝土防渗面板施工时应放空水库，布置钢筋，加强与原坝体的连接，然后凿毛、清洗原坝面以后，再浇筑混凝土。

五层砂浆防渗层：第一层为素灰层，厚约2mm，用水灰比值为0.35～0.40的水泥浆分两次压抹，待初凝后抹第二层；第二层为厚4mm～5mm的1:2.5的水泥砂浆层，第二层表面要求粗糙拉毛，待终凝后表面浇水，再做第三层；第三层为素灰层，厚2mm；第四层为水泥砂浆层，厚4mm～5mm；第五层是当第四层初凝时抹上的2mm素灰，抹压光滑，终凝后浇水养护。五层砂浆防渗层由于能够避免各层砂浆间的裂缝或细小孔隙连通，形成漏水通道，所以能够起到较好的防渗效果。

喷浆防渗层是将水泥砂浆通过高压喷射到上游面，使水泥砂浆牢固地黏附在坝面上而形成防渗层，厚度一般30 mm～70 mm。为在施工时不发生砂浆流淌现象或因自重而堕落，宜分层喷射，每次喷射的厚度不应超过20 mm～30 mm。采用喷浆防渗层可以节约大量水泥。

（二）坝基渗漏处理

由于各种地质因素的作用，坝基岩石均存在不同程度的裂隙现象。在坝基施工中未经妥善处理，水库在蓄水后产生坝基渗漏或绕坝渗漏。对于坝基渗漏，多采取水泥灌浆形成防渗帷幕的处理方式。

在进行帷幕灌浆时需首先确定帷幕布置、深度、厚度、孔距、排距和灌浆压力。水泥灌浆只能在水泥浆能进入岩石裂缝的条件下方能有效。因此，岩石裂隙的尺寸应大于水泥颗粒的若干倍，而且各裂隙之间与布置的灌浆孔之间都应互相连通。一般水泥中包含0.1 mm～0.2 mm的颗粒占10%～30%。因而水泥浆可能灌入的裂隙最小宽度为0.1 mm～0.2 mm。

岩层的渗透性是由压水试验确定的。试验中用几种不同的压力，岩层在每米水头压力下，钻孔内每米长度每分钟的吸水量有多少，通常用吸水率来表示。实践证明，水泥灌浆只有在吸水率大于0.01 L/（min·m^2）的岩层中才能灌入。

第四节　溢洪道检查管理

溢洪道是宣泄洪水、保证水库安全的重要设施。溢洪道一般有主溢洪道和非常溢洪道之分。溢洪道的任务就是将汛期水库拦蓄不了的多余洪水，从上游安全泄放到下游河床中去，它比原河道有较大的落差。

一、溢洪道的检查和养护

溢洪道一般由进口段、控制段、泄槽段、消能段和尾水渠组成。溢洪道的安全泄洪是确保水库安全最重要的关键环节。对于大多数水库的溢洪道来说，泄水机会并不多，宣泄大流量洪水的机会就更少。但为了确保万无一失，每年汛前都要做好宣泄最大洪水的各种准备。工程管理的重点要放在日常检查和养护上，必须对溢洪道进行经常性的检查和加固，保持溢洪道随时都能启动泄水。其主要检查内容如下：

第一，检查溢洪道的宽度和深度，汛期过水时的过水能力，以及汛后检查观测各部位有无淤积或坍塌堵塞现象。

第二，检查溢洪道的进水渠及两岸岩石是否裂隙发育，是否风化严重或有崩坍现象，检查排水系统是否完整，如有损坏需及时处理，加强维护加固。

第三，检查溢洪道的闸墩、底板、胸墙、消力池等结构有无裂缝和渗水现象。

第四，应注意观察风浪对闸门的影响，冬季结冰对闸门的影响。检查闸门有无扭曲，门槽有无阻碍，铆钉或螺栓是否脱落松动，止水是否完好，起闭是否灵活等。

第五，泄流期间观察漂浮物对溢洪道胸墙、闸门、暗道的影响。

第六，观察溢洪道泄洪期间控制堰下游和消力池的水流形态以及陡坡段水面线有无异常变化。

二、溢洪道的冲刷与处理

溢洪道在泄洪期间由于陡坡及出口段的水流湍急，流速很大，往往在下游出口段形成冲刷；也有在陡坡弯段上，因离心力的作用，使水面倾斜、撞击和发生冲击波，这时须检查水面线有无异常变化。有不少溢洪道在弯道及出口处发生事故，必须引起注意。

冲刷破坏的处理。溢洪道经过陡坡高速冲刷后，往往在陡坡的底板、消力池底板或冲坑附近受到冲刷，汛期过后必须对以上部位进行加固处理。

底板构造处理。溢洪道陡坡除有些直接建筑在坚实的岩基上，可以不加衬砌外，一般都需用砌护材料做成底板。溢洪道泄水时底板上承受有水压力、水流的拖曳力、脉动压力、动水压力、浮托力和地下水的渗透压力等，并要经受温度变化或冻融交替产生的伸缩应力，还要抵抗自然的风化和磨蚀作用，所以底板砌护材料要有足够的厚度和强度。

钢筋混凝土或混凝土底板，适用于大型水库或通过高速水流的中型水库溢洪道上，土基上底板厚度需30 cm～40 cm，并适当布置面筋；在岩基上厚度需15 cm～30 cm，并适当布置面筋。在不很重要的工程上采用素混凝土材料制成，厚度为20 cm～40 cm。

水泥浆砌条石或块石底板，适用于通过流速为15 m/s以下的中小型水库溢洪道，厚度一般为30 cm～60 cm。

石灰浆砌块石水泥砂浆勾缝底板，适用于通过流速为10 m/s以下的中小型水库溢洪道，厚度为30 cm左右。

许多管理单位总结了工程运用中的经验教训，把在高速水流下保证底板结构安全的措施归结为四个方面，即"封、排、压、光"。"封"要求截断渗流，用防渗帷幕、齿墙、止水等防渗措施隔离渗流；"排"要做好排水系统，将未截住的渗水妥善排出；"压"利用底板自重压住浮托力和脉动压力，使其不致漂起；"光"要求底板表面光滑平整，彻底清除施工时残留的钢筋头等不平整因素。这四方面是相辅相成、互相配合的。

底板在外界温度变化时会产生伸缩变形，需要做好伸缩缝，通常缝的间距为10 m左右。土基上薄钢筋混凝土底板对温度变形敏感，缝间距应略小些；岩基上的底板因受地基约束，不能自由变形，只需预留施工缝即可。

坑深度大小对建筑物的基础稳定有直接影响。当冲坑继续扩大危及建筑物基础时，需及时加固处理。

三、溢洪道其他病害及处理

溢洪道除了过水宽度保证足够宽和闸下防止冲刷外，还要检查有无裂缝损坏及对非常溢洪道的管理。

（一）溢洪道产生的裂缝

溢洪道在运行过程中要检查闸墩、底板、边墙、消力池、溢流堰等结构是否有裂缝损坏。底板上的裂缝，有的会因过水时水流渗入缝内引起底板下浮托力增加，以致把整块底板冲走，因而必须重视并及时处理。对于大的裂缝或者发展快的裂缝，常是发生险情的前兆，更不应忽视，必须及时处理；细小而不再继续发展的裂缝，虽对安全影响不大，但也应及时处理，以防内部钢筋被锈蚀。

（二）非常溢洪道的管理养护

为确保大坝安全，不少工程均以较大洪水或可能最大洪水作为非常运用的洪水标准。根据非常运用的洪水大小和水库的技术经济等条件，因地制宜地确定保坝措施。保坝措施常有利用副坝做非常溢洪道或用天然埡口做非常溢洪道。

如果是利用副坝做非常溢洪道，让洪水漫顶自行冲开，则应注意检查副坝和地基情况。要保证在非常情况下能够自行冲开。但同时又要以防万一做好冲不开时人工爆破的准备，在汛前要准备好炸药和爆破器材。

如果利用天然埡口在其上筑子堤或利用副坝做非常溢洪道，遇非常情况，进行人工爆破，一般要求做好药室，平时要注意保护，避免雨水进入和野兽破坏，保证药室干燥。对于埡口上的子堤，平时要注意养护，保持完整。特别在汛期要注意防护，防止风浪冲击破坏。在不溢洪时，要保证不致决口垮堤，否则将会造成人为的灾害。

四、闸门及启闭设备的养护和修理

大中型水库和一些重要的小型水库，为了更好地进行控制运用，充分发挥工程效益和较高的泄水能力，常采用闸门来调节和控制水量。所以，对闸门和启闭机要经常养护和修理，以保证启闭灵活方便。

衡量闸门及启闭机养护工作好坏的标准包括动力保证、传动良好、润滑正常、制动可靠、操作灵活、结构牢固、启闭自如、支承坚固、埋件耐久、封水不漏和清洁无锈等方面。

（一）闸门的养护

第一，要经常清理闸门上附着的水生物和杂草、污物等，避免钢材腐蚀，保持闸门清洁美观、运用灵活；防止门槽卡阻，门槽处极易被块石或杂物卡阻使闸门开度不足或关闭不严。因此，要经常用竹篙或木杆进行探摸，以及时处理；在多泥沙河流上浮体闸和橡胶坝常会遇到泥沙淤积问题，影响闸门正常启闭，遇到这种情况需用高压水定期冲淤或用机械清除。

第二，要保持门叶不锈不漏。要防止门叶变形、杆件弯曲或断裂、焊缝开裂及气蚀等病害。还要做好闸门的防振、抗振工作，加固原来刚度小的闸门，以改变结构的自振频率，使之不易发生振动。为防止闸门的气蚀现象，要修正边界形状，消除引水结构表面的不平整度，改变闸门底缘形式，使水流流线贴合边界，免除分离现象和出现负压，还需采用抗蚀性能高的材料，如已出现气蚀的部位，要用耐蚀材料修复或补强。

第三，对于支承行走机构要避免滚轮锈死，并做好弧形闸门固定铰座的润滑工作。

第四，要保证在门叶和门槽之间的止水（水封）装置不漏水。要及时清理缠绕在止水上的杂草、冰凌或其他障碍物，松动锈蚀的螺栓要更换，要使止水表面光滑平整，防止橡胶止水老化，做好木止水的防腐处理等。

第五，对各种轮轨摩擦面采用涂油保护，预埋铁件要涂防锈漆，及时清理门槽的淤积堵塞，发现预埋件有松动、脱落、变形、锈蚀等现象要进行加固处理。

（二）启闭机的养护

第一，清扫电动机外壳的灰尘污物，轴承润滑油脂要足够并保持清洁，定子与转子之间的间隙要均匀，检查和量测电动机相间及各相对铁芯的绝缘电阻是否受潮，要注意保持干燥。

第二，电动机主要操作设备应保持清洁，接触良好，机械传动部件要灵活自如，接头要连接可靠，限位开关要经常检查调整，保险丝严禁用其他金属丝代替。

第三，启闭机润滑所用的油料要有选择，高速滚动轴承用润滑脂润滑，由钠皂与润滑脂制成钠基润滑脂，熔点高，温度达100℃时使用，仍可保证安全；钙基润滑脂由钙皂与矿物性油混合制成，它适用于水下及低速传动装置的润滑部件，如启闭机的起重机构如齿轮、滑动轴承、起重螺杆、弧形门支铰、闸门滚轮、滑轮组等；变速器、齿轮联轴节等封闭或半封闭的部件常用润滑油进行润滑。

（三）闸门、启闭机械的维修

1．防腐

木制闸门必须做好防腐处理。其办法一般是采用涂油漆或用沥青浸煮，也可以采用其他防腐剂处理，如氟化钠、氟矽酸钠、氟矽酸铵等水溶防腐剂及葱油、木馏油、煤焦油等防腐剂。

2．防锈

防止钢铁闸门锈蚀，一般用以下方法：

（1）油漆防锈

包括除锈与涂漆两道工序。除锈方法有人工和机械两种。人工除锈包括铲、敲、打磨、清洗四道工序。先铲掉浮锈，再用手锤敲掉底锈，然后用钢刷、砂布打磨，彻底除锈，最后用清水冲洗干净，用布擦干，再用松节油擦拭后，立即涂刷油漆。机械涂漆是用空气压缩机把砂喷到闸门上，将铁锈除去。喷砂时要掌握好空气压缩机的压力大小，喷嘴与闸板的距离、角度与前进速度，以免发生漏喷及因喷砂过度而损坏闸门的现象。

喷漆一般常用红丹漆打底，银色沥青漆涂面，先刷底漆，再涂面漆。也有刷沥青防锈的，涂沥青时应先将铁锈擦洗干净，然后用高温的沥青液涂刷闸面。注意厚度要适当，防止花斑、漏刷、流淌、起皱等现象，在铆钉、杆件、螺栓等接合交叉处，更要细致涂刷，一般要求刷两遍。

（2）柏油水泥防锈

柏油水泥防锈和油漆防锈一样，也要事先将闸门铁锈清除干净，然后取一定的柏油加热，再掺入12%～15%的水泥（水泥越多，油料越稠；水泥越少，油料越稀）。继续加热，再加入5%的煤粉，不断搅拌成均匀的溶液，涂刷前先将闸门用火烤热，再将配好的溶液均匀地涂于闸门上，涂刷厚度1 mm左右，若用红丹漆打底，则效果更好。柏油水泥的好处是抗冲和耐磨性能较好，耐盐性强，费用较低。采用此法时，注意闸门加热温度不宜过高，以防变形。加热前要卸下各部零件，最好能在夏秋季施工，以保证涂刷质量。

（3）喷锌防锈

先将锌丝在高温中熔化，同时用压缩空气将熔融的锌吹成雾状微粒，并以较高的速度喷射到预先经过处理的闸门表面，形成镀锌层。这些雾状微粒在喷射过程中，受空气冷却而处于半熔状态，堆积到闸门表面后，立即变形，并迅速冷却收缩，而紧紧地嵌附在带有锚孔的闸门表面上。金属喷镀按熔化的方式一般可分为气喷镀和电喷镀两种。气喷镀是以乙炔等可燃气体与氧气混合燃烧作为热源；电喷镀是以电弧作为电热源。水利工程中的钢闸门及其他钢结构多采用气喷镀。实践证明，钢闸门镀锌经海水、工业污水等考验，显示了良好的防锈效果。

3. 防冰

北方严寒地区，冰冻对闸门危害性很大。因此，冬季应做好闸门的防冰凌工作。

第一，在距闸门2 m左右处，用锤、冰铲等工具经常打开冰层，防止冻结。

第二，为了保护闸门的正常运用，在冰层打开后，应及时清除闸门上的冰块，并经常活动闸门，一般可在提闸前采用热水淋浇闸槽或轻轻敲打闸门的办法，使冰块脱落。

第三，当流冰过闸时，在可能的情况下，应将闸门全部打开，以减轻壅冰及冰块对闸门的冲击磨损。

第四，较大闸门可采用空气压缩机，将空气打入冰层以下，使下部温水翻至表面，防止冰盖形成。

第五，当气候严寒、流冰严重时，应停止引水，以免渠道壅冰决口。

4. 防漏

防止闸门漏水，关键是做好防漏水设备的维护工作。止水设备一般置于闸底和两侧闸槽，止水设备既要封闭好不漏水，又要摩擦力小以减轻启闭动力。闸底漏水处理的方法有两种：一种是在闸底部嵌砌木块，另一种是在闸底部装设橡皮止水带。后者比前者止水效果好。

闸门两侧防漏，大部分采用橡皮止水，橡皮硬度要适宜，要符合设计尺寸，安装要注意质量和精度，平时要经常检查有无松动、损坏和丢失等现象，止水铁部件要注意防锈处理。

第五节　涵洞检查管理

涵洞在运用过程中，由于设计、施工或运用不当，洞壁发生裂缝，或者洞壁与坝体土料结合不好，水流将穿透洞壁或沿洞壁外缘形成渗流通道，影响水库的正常蓄水，威胁大坝安全。因此，必须加强对坝内涵洞的养护修理，以保证安全运用。

一、涵洞的检查和养护

（一）运用前的检查

在水库蓄水过程中，主要检查洞身有无变形、裂缝。要注意检查涵洞所在坝段有无裂缝，蓄水后坝的下游坡涵洞出口处周围有无潮湿和漏水现象。

（二）运用期间的检查

运用期间的检查主要包括以下几方面：

第一，输水期间，要经常注意观察和倾听洞内有无异常声响。如听到洞内有咕咕咚咚阵发性的响声或轰隆隆的爆炸声，说明洞内有明满流交替的情况，或者有些部位产生了气蚀现象。

第二，运用期间，要经常检查埋设涵洞的土坝上下游坝坡有无塌坑、裂缝、潮湿或漏水情况，并注意观察涵洞出流有无浑水。

第三，运用期间，要经常观察洞的出口流态是否正常，如泄量不变，观察水跃的位置有无变化，主流流向有无偏移，两侧有无旋涡等，以判断消能设备有无损坏。

（三）停水后的检查

隧洞和涵洞输水后都需进行检查。较大的洞，放水后要有人进洞检查洞壁有无裂缝和漏水的孔洞，闸门槽附近有无气蚀现象。

停水期间应注意洞内是否有水流出，检查漏水的原因。对下游消能建筑物要检查有无冲刷和损坏。

（四）闸门启闭机械的检查养护

输水建筑物的闸门和启闭机械要经常进行检查养护，保证其完整和操作灵活。对闸门启闭机械需经常擦洗上油，保持润滑灵活。启闭动力设备要经常检查维修，确保工作可靠，并应有备用设备。

（五）过水能力的核算

输水洞投入运用后，需对其过水能力进行核算，对于无压输水洞更应检查，防止产生明满流交替现象。洞内水深不超过洞高的3/4，保持有自由表面的无压流态。

（六）其他检查养护工作

北方严寒季节，需注意库面冰冻对输水隧洞进水塔造成破坏。现在北方不少水库采用吹气防冰方法都很成功，有的水库还自制定时控制自动吹气机，这对进水塔防冰起到很大的作用。位于地震区的水库，在发生五级以上地震后，与大坝和溢洪道一样，应对输水洞进行全面的检查。

二、涵洞的漏水处理

（一）涵洞断裂破坏的原因

隧洞比坝下涵洞安全可靠，养护修理任务小。但由于设计、施工及运用管理方面的问题，也会引起断裂漏水事故。常见事故的原因有四个：一是隧洞周围岩石变形或不均匀沉陷，二是结构强度不够，三是洞内水流流态发生变化，四是施工质量差。

（二）涵洞断裂漏水处理的方法

1．隧洞衬砌及涵洞洞壁裂缝漏水的处理

（1）用水泥砂浆或环氧砂浆处理

通常在裂缝部位凿深2 cm～3 cm，并将周围混凝土面用钢钎凿毛，然后用钢丝刷和毛刷清除混凝土碎渣，用清水冲洗干净，最后用水泥砂浆或环氧砂浆封堵。福建省亚湖水库用环氧砂浆处理输水涵洞裂缝，取得了较好效果。处理时，先将漏水点剥蚀的灰土凿掉，洗刷干净，待干燥后，先涂一层环氧基液，再把搓好的环氧砂浆配料填入孔中，用木棍捣实，用木板撑住，待砂浆凝结后（一般凝结时间为半小时），拆除模板即可。放水洞气蚀部位也可采用同样的方法处理。

（2）灌浆处理

对于质量较差的隧洞衬砌和涵洞洞壁，都可以采用灌浆处理。随着施工机具的改进和经验的丰富，用灌浆处理输水洞病害越来越常见。灌浆材料范围不断扩大，效果也越来越好。对于输水涵洞外壁与土坝坝体接触不好或填土不实，或防渗垫层不密实等引起的纵向渗漏，均可在洞内或坝上进行灌浆处理。灌浆通常采用水泥浆，输水涵洞外壁渗水的处理可采用灌泥浆或黏土水泥浆进行。大型隧洞和涵洞，要求用较高强度的补强灌浆，可用环氧水泥浆液。

2．输水隧洞的喷锚支护

采用喷射混凝土和锚杆支护的方法，称为喷锚支护。输水隧洞在无衬砌段的加固或衬砌损坏的补强，可采用之。喷锚支护具有与洞室围岩黏结力高，能提高围岩整体稳定性和承载能力，节约投资，加快施工进度等优点。国内一些输水隧洞采用喷锚支护后，大大节约了劳力、钢材和木材，从而缩短了施工期。

喷锚支护可分为喷混凝土、喷混凝土加锚杆联合支护、喷混凝土加锚杆加钢筋网联合支护等类型。

3．输水涵洞断裂的灌浆处理

对于因不均匀沉陷而产生的洞身断裂，一般要等沉陷趋于稳定，或加固地基后断裂不再发展时进行处理。为保证工程安全，可以提前灌浆处理。灌浆以后，如继续断裂，再进行灌浆。

4．输水洞内衬砌补强处理

因材料强度不够，输水洞内产生裂缝或断裂时，可采用衬砌补强进行处理。常用补强处理的方法有两种：一种是用钢管、钢筋混凝土管、钢丝网水泥管等制成的成品管与原洞壁间充填水泥砂浆或埋骨料灌浆而成；另一种是在洞内现场浇筑混凝土、浆砌块石、浆砌混凝土预制块或者支架钢丝网喷水泥砂浆等。无论用哪种方法处理，都必须将黏附在洞壁上的杂物、沉淀物等清洗掉，然后对洞壁凿毛、湿润，使新老管壁结合良好。

5. 用顶管法重建坝下涵洞

有些坝下涵洞洞径较小，无法加固，只能废旧洞，建新洞。广东等省采用顶管法重建涵洞，大大减少了开挖和回填土石方量，节约了钢材、水泥和投资，也节省了劳力，缩短了工期。顶管法是在坝下游用千斤顶将预制混凝土管顶入坝体，直到预定位置，然后在上游坝坡开挖，在管道上游修建进口建筑物。

三、涵洞的冲刷处理

当洞内输水流速较大时，在出口部位必须采用防冲消能措施。输水隧洞尤其是与泄水兼用的隧洞，它的出口消能方式与河岸溢洪道的出口消能相似，常用挑流消能和底流消能。放水涵洞当出口流速大于6 m/s时，也宜采用消能设施，如消力池、消力墙等。在输水洞出口宽度较小时，必须设置扩散段以扩散水流，减小出口处的单宽流量。

目前国内外在泄水隧洞出口处采用一种逆坡式消力池的消能措施。这种消能设备有一段不长的静水池，池的末端设有挑流鼻坎。当宣泄流量小于设计流量时，在池中形成底流水跃；而当流量超过设计值时，水流即推出池中水体而产生挑流。这样可保证小流量时能在池中消能，避免挑射不起或挑射不远，以致水流能量冲刷鼻坎末端地基，影响鼻坎的稳定性。

对于消力池或海漫的破坏可采取增建第二级消力池、加强海漫长度与抗冲能力、改建为挑流消能形式等措施进行加固和修复。

第六节　水库的泥沙淤积及防沙措施

一、水库泥沙淤积的成因及危害

（一）水库泥沙淤积的成因

河流中挟带泥沙，按其在水中的运动方式，常分为悬移质泥沙、推移质泥沙和河床质泥沙，它们随着河床水力条件的改变，或随水流运动，或沉积于河床。

河流上修建水库以后，泥沙随水流进入水库，由于水流流态变化，泥沙将在库内沉积形成水库淤积。水库淤积的速度与河水中的含沙量、水库的运用方式、水库的形态等因素有关。

（二）水库泥沙淤积的危害

水库的淤积不仅会影响水库的综合效益，还会对水库上下游地区造成严重的后果。具体表现如下：

第一，由于水库淤积，库容减小，水库的调节能力也随之降低，从而降低甚至丧失防洪能力。

第二，加大了水库的淹没和浸没范围。

第三，使有效库容减小，降低了水的综合效益。

第四，泥沙在库内淤积，使其下泄水流含沙量减小，从而引起河床冲刷。

第五，上游水流挟带的重金属有害成分淤积库中，会造成库中水质恶化。

二、水库泥沙淤积与冲刷

（一）淤积类型

水流进入库内，因库内水的影响不同，可表现出不同的流态形式：一种为壅水流态，即入库水流由回水端到坝前其流速将沿程减小，呈壅水状态；另一种是均匀流态，即挡水坝不起壅水作用时，库区内的水面线与天然河道相同时的流态。均匀流态下水流的输沙状态与天然河道相同，称为均匀明流输沙流态。均匀明流输沙状态下发生的沿程淤积称为沿程淤积；在壅水明流输沙状态下发生的沿程淤积称为壅水淤积。对于含沙量大、细颗粒多的水段，进入壅水段后，潜入清水下面沿库底继续向前运动的水流称为异重流，此时发生的沿程淤积称为异重流淤积。当异重流行至坝前而不能排出库外时，则浑水将滞蓄在坝前清水下形成浑水水库。在壅水明流输沙流态中如果水库的下泄流量小于来水量，则水库将继续壅水，流速继续减小，逐渐接近静水状态，此时未排出库外的浑水在坝前滞蓄，也将形成浑水水库，在浑水水库中，泥沙的淤积称为浑水水库淤积。

（二）水库中泥沙淤积形态

泥沙在水库中淤积呈现出不同的形体（纵剖面及横剖面的形状）。纵向淤积有三种，即三角洲淤积、带状淤积和锥体淤积。

1. 三角洲淤积

泥沙淤积体的纵剖面呈三角形的淤积形态，称为三角洲淤积，一般由回水末端至坝前呈三角状，多发生于水位较稳定，长期处于高水位运行的水库中。按淤积特征分为四个区段，即三角尾部段、三角顶坡段、三角前坡段、坝前淤积段。

2. 带状淤积

淤积物均匀地分布在库区回水段上，多发生于水库水位呈周期性变化，变幅较大，而水库来沙不多、颗粒较细，水流流速又较高的情况下。

3. 锥体淤积

在坝前形成淤积面接近水平为一条直线，形似锥体的淤积，多发生于水库水位不高、壅水段较短、底坡较大、水流流速较高的情况下。

影响淤积形态的因素有水库的运行方式、库区的地形条件和干支流入库的水沙情况等。

（三）水库的冲刷

水库库区的冲刷分溯源冲刷、沿程冲刷和壅水冲刷三种。

1．溯源冲刷

当水库水位降至三角洲顶点以下时，三角洲顶点处形成降水曲线，水面比降变陡，流速加快，水流挟沙能力增大，将由三角顶点起由下游向上游逐渐发生冲刷，这种冲刷称为溯源冲刷。溯源冲刷有辐射状冲刷、层状冲刷和跌落状冲刷三种形态。当水库水位在短时间内下降到某一高程后保持稳定或当放空水库时会形成辐射状冲刷；如果冲刷过程中水库水位不断下降，历时较长，会形成层状冲刷；如果淤积为较密实黏性涂层时，会形成跌落状冲刷。

2．沿程冲刷

在不受水库水位变化影响的情况下，由于来水来沙条件改变而引起的河床冲刷，称为沿程冲刷。当库水来水较多，而原来的河床形态及其组成与水流挟沙能力不相适应，便发生沿程冲刷。它是从上游向下游发展的，而且冲刷强度也较低。

3．壅水冲刷

在水库水位较高的情况下，开启底孔闸门泄水时，底孔周围淤积的泥沙随同水流一起被底孔排出孔外，在底孔前逐渐形成一个最终稳定的冲刷漏斗，这种冲刷称为壅水冲刷。壅水冲刷局限于底孔前，且与淤积物的状态有关。

三、水库淤积防沙措施

水库淤积的根本原因是水库水域水土流失形成水流挟沙并带入库内。所以根本的措施是改善水库水域的环境，加强水土保持。除此之外，对水库进行合理的运行调度也是减轻和消除淤积的有效方法。

（一）减淤排沙方式

减淤排沙有两种方式：一种是利用水库水流状态来实现排沙，另一种是借助辅助手段清除已产生的淤积。

1．利用水流状态作用的排沙方式

（1）异重流排沙

在蓄水运用中，当库水位、流速、含沙量符合一定条件（一般是水深较大、流速较小、含沙量较大）时，多沙河流上的水库库区内将产生含沙量集中的异重流，若及时开启底孔等泄水设备，就能达到较好的排沙效果。

（2）泄洪排沙

在汛期遭遇洪水时，库水位壅高，将造成库区泥沙落淤，在不影响防洪安全的前提下，及时加大泄流量，尽量减少洪水在库内的滞洪时间，也能达到减淤的效果。

（3）冲刷排沙

水库在敞泄或泄空过程中，使水库水流形成冲刷条件，将库内泥沙冲起排出库外。冲刷排沙有沿程冲刷和溯源冲刷两种方法。

2. 辅助清淤措施

对于淤积严重的中小型水库，还可以采用人工、机械设备或工程设施等措施作为水库清淤的辅助手段。机械设备清淤是利用安在浮船上的排沙泵吸取库底淤积物，通过浮管排出库外；也有借助安在浮船上的虹吸管，在泄洪时利用虹吸作用吸取库底淤积泥沙，排到下游。工程设施清淤是指在一些小型多沙水库中，采用一种高渠拉沙的方式，即在水库周边高地设置引水渠，在水库水位降低时利用引渠水流对库周滩地造成强烈冲刷和滑塌，使泥沙沿主槽水流被排出水库，恢复原已损失的滩地库容。

（二）水沙调度方式

上述的减淤排沙措施应与水库的合理调度配合运用。在多泥沙河道的水库上将防洪兴利调度与排沙措施结合运用，就是水沙调度。水沙调度包括以下几种方式：

1. 蓄水拦洪集中排沙

蓄水拦洪集中排沙又称水库泥沙的多年调节方式，即水库按防洪和兴利要求的常用方式拦洪和蓄水运用，待一定时期（一般为2～3年）以后，选择有利时机泄水放空水库，利用溯源冲刷和沿程冲刷相结合的方式清除多年的淤积物，达到全部或大部分恢复原来的防洪与兴利库容。在蓄水运用时期，还可以利用异重流进行排沙，这种方式适宜于河床比降大，滩地库容所占比重小，调节性能好，综合利用要求高的水库。

2. 蓄清排浑

蓄清排浑又称泥沙的年调节方式，即汛期（丰沙期）降低水位运用，以利排沙，汛后（少沙期）蓄水兴利。利用每年汛初有利的水沙条件，采用溯源冲刷和沿程冲刷相结合的方式，清除蓄水期的淤积，做到当年基本恢复原来的防洪和兴利库容。

3. 泄洪排沙

泄洪排沙即在汛期水库敞开泄洪，汛后按有利排沙水位确定正常蓄水位，并按天然流量供水。这种运行方式可以避免水库大量淤积，能达到短期内冲淤平衡，但综合效益发挥将受到限制。

一般以防洪季节灌溉为主的水库，由于水库的主要任务与水库的排沙并无矛盾，故可采用泄洪排沙或蓄清排浑运用方式；对于来沙量不大的以发电为主的水库，可采用拦洪蓄水与蓄清排浑交替使用的运用方式。

第七节　供水调度

本节以北疆调水工程为例，分析供水调度的原则、流程、制度、方案等。

一、供水调度原则

调水工程供水调度的主要任务是在保证工程安全的前提下，合理运用已建水利枢纽、水库、输水明渠、隧洞、渡槽、倒虹吸、水闸等组成的系统工程，科学调度天然来水，实现水资源的优化配置，最大限度地发挥北疆调水工程的效益。

调水工程在调度运用上坚持三条基本原则：

第一，"工程安全第一"原则，即一切调度活动都必须建立在保证工程和防洪安全的基础上。

第二，"供水效益最大"原则，供水工程以供水为主，兼顾发电、灌溉、环境保护，在实际运用中根据工程承担任务的主次关系和轻重缓急情况，结合各种工程与非工程措施的配合运用，以供水效益最大为准则进行统一调度。

第三，"局部服从整体，整体照顾局部"原则，供水工程输水距离很长，工程沿线经济、环境、气候等存在较大差异，当遭遇旱情等特殊情况，导致水量紧缺或输水中断时，本着局部服从整体、整体照顾局部的原则，适当调整调度运用方式，使灾害损失降到最低程度。

二、供水调度组织和流程

（一）供水调度组织

调水工程实行"统一调度，局、处、站、所分级负责"的管理体制。建管局是调水工程调度运行工作的主管单位，工程运行期间设立局调度中心（由总调度、值班调度和值班员组成的临时机构）是调度运行工作的执行机构，对防洪度汛、发电、蓄水、输水、分水实行统一调度。局调度中心下设5个分调度中心，分别负责各管理处所辖工程的调度运行工作。

（二）供水调度流程

第一，各站、所按照分工确定值班地点、值班电话，排出值班负责人、值班人员、值班司机名单和值班车辆及班次，逐级报分中心、局调度中心备案。

第二，各调度分中心须严格执行局调度中心的调度指令，各站、所须严格执行分调度中心的调度指令。实施过程中，如遇特殊情况，调度指令应由局调度中心更改，其他任何个人无权变更。

第三，调度指令的下达要办理签证手续。调度指令的执行情况以书面形式及时逐级反馈给局调度中心。

第四，局调度中心、分调度中心利用自动化水情监测设备24 h监测水情，各站、所根据工程巡查情况逐级向局调度中心报告工程工况和水情变化情况。局调度中心每天定时向建管局报告工程运行情况。

第五，各分调度中心定期与用水户互通运行信息，随时掌握用水户的用水动态和用水需求，调查了解用水户对供水的满意程度，必要时报请局调度中心解决供水事宜。

第六，局调度中心根据供需水合同拟定调度指令，经建管局批准后逐级下达到各站所予以执行。当用水户提出流量或水量变更时，各分调度中心应及时报局调度中心，由局调度中心对用户需求进行评审，拟定调度指令报建管局批准后逐级下达到各站所予以执行。对重大的水量变更事宜，局调度中心应报建管局讨论研究决定。

三、供水调度制度

供水调度制度主要有调度运行方案审核及会议通过制度，调度中心管理制度、联系制度、调度指令下达及反馈制度，调度运行例会制度，运行值班制度，水情和工程巡检日报制度，事故预警、预案制度，运行资料收集、归档及保密制度等。这些制度的建立为实现工程调度运行管理的规范化、制度化、科学化，达到决策正确、调度科学、数据采集准确、设备操作可靠、制度落实严肃、责任分工明确、事故处理迅速的管理目标，奠定了坚实的基础。

四、供水调度方案

供水调度方案是建管局实施合同供水的前提和基础。随着调水工程规模的不断扩大，用水户的不断增加，供水调度的复杂性日益突出，供水调度方案必须体现优化调度的原则。主要做法是针对水源工程来水具有不确定性和随机性的特点，在有限的蓄水量中，实施最优的供水调度，实现供水效益的最大化。实际操作过程中，根据已知的用户需求、水情预测情况、水库调蓄能力、工程供水能力、供水目标的优先级别（工业用水保证率95%，农业用水保证率75%），通过综合分析和计算，最后得出最优供水调度方案。

第八节　水库调度运用

本节以"635"水库为例，阐述水库调度运用基本知识。

一、水利枢纽工程

"635"水利枢纽工程是北疆调水工程的水源工程，为Ⅱ等大（2）型水利工程，本文以此工程为例来说明。

二、水库运行的特点和规律

"635"水库汛期通常为5～7月,年内最大洪水集中发生在5月或6月。洪峰源于上游山区的融雪水与夏季暴雨引起的洪水叠加而形成的混合型洪水。主要以融雪水为主,并随日气温的变化,形成一日一峰的洪水特性。

水库调度的任务及原则是在确保大坝安全的前提下,充分利用水文、气象预报,统筹兼顾和协调防洪与兴利的矛盾。充分利用库容与水量,合理地蓄水、泄水和用水,尽量减少无益弃水和水头损失,力争在防洪与兴利方面发挥水库的最大效益。

"635"水库运行以来,不仅承担着供水、发电任务,而且还担负着防洪、灌溉任务。通过多年的水库调度和实践,"635"水库运行具有以下特点:

第一季度:上游来水量承接上年第四季度的趋势持续减少,此阶段水库调节任务是满足发电用水要求。发电用水流量可以略大于上游来水流量,库水位逐渐缓慢下降。

第二季度:随着天气日渐转暖,上游来水量逐渐增大,库水位下降趋势减缓并转为逐渐回升。4月中旬下游农业春灌开始,此阶段必须确保下泄的发电用水能够满足下游灌溉用水需要。

通常5月中旬至6月上旬为主汛期,主汛来临前库水位须控制在汛限水位左右。主汛期过后上游水量逐渐减小,需及时拦蓄尾汛,库水位逐步升至正常蓄水位,以保证后期总干供水与下游农业用水的需求。

为确保下游河谷林和天然草场的生态环境,每年汛期水库调度还必须配合上游洪水过程,控制下泄800～1000 m^3/s的洪水流量,长时间持续稳定地进行淹灌。

第三季度:上游来水量明显减小,与保证总干供水和下游灌溉用水的矛盾日益突出。因此,水库调度难度加大。该阶段应严密注视上游流域气象形势和降水过程,及时补充水库水量,力争多蓄水。

第四季度:上游来水量继续减小,在满足下游农业耕地冬灌要求后,调度任务是在保证下泄生态基流的前提下,"以水定电"确定发电用水流量,控制水位下降速度,确保冬季枢纽安全运行。

三、水库预报调度

（一）水文预测预报

每年4~9月，流域内水文预测预报和水情的中长期预报服务由当地水文局提供。因此可根据前期总降水量资料、水情时空分布情况，结合气象部门的天气趋势预测，对下月的水量进行预测预报。

（二）天气气象预报

"635"水库气象预报由当地气象局提供，预报分为：气象年景趋势预报分析、月度气候趋势预报、汛情趋势预报、短期天气预报等。

（三）水情测报

分别在"635"水库上游两条支流93 km和97 km处设立两个水文测流站，汛期实测洪水到达"635"水库的传播时间约5~6 h。测报时间从4月1日开始到9月底结束，汛期每2 h测报一次来水流量，能够及时准确地了解上游来水情况和掌握水情规律。为了能够准确测定水库下泄流量，在下游河道设出库水文站。上游水文站水情信息通过电话或无线电台传送。水库水位、下游河道水位等水情数据自动采集并传送至管理处调度中心。

（四）预报调度

在防洪调度过程中，由于上游水文站离坝址有5~6 h的水流传播时间，可以结合洪水预报进行预泄，腾出的一部分防洪限制水位以下的库容用于防洪，从而提高水库的防洪能力。在兴利调度过程中，根据水文局提供的中长期水文预报预测，进行水量平衡分析，合理安排水库的蓄水供水计划，同时根据短期水文气象预报及时调整蓄水方案。

四、水库实时调度

实时调度是根据水库实际来水、用水、蓄水情况随时调整蓄泄量，以切实保证水库安全及充分发挥效益的调度方法。尤其是对于调节能力较低的水库，在每次洪水来临前，可以根据短期洪水预报进行加大发电量预泄，来水后回充，既可多发电，又有一定的防洪作用。目前短期水文预报精度相对较高，预见期延长精度则随之降低，但是各种预见期的预报，均不同程度地具有参考价值。

水库实时调度中，可根据水库流域的天气短期和趋势预报、降雨径流预报信息、实时水情信息、工情和灾情信息，在满足水库蓄水、水库泄水能力和防洪兴利要求的前提下，结合洪水预报和短期降雨预报信息，确定预见期内动态控制水位。

同时，还应处理好实际运行水位与各种控制运用指标的特征水位之间的关系：

第一，允许最高水位不得超过，万一发生超校核标准的洪水时，应立即采取紧急措施泄洪，以保证大坝安全。

第二，防洪限制水位应严格控制，非防洪调蓄需要，实际水位一般不得超过防洪限制水位。

第三，汛末蓄水位决定了下一个丰水季节到来之前的水库效益，应力争使库水位达到规定的汛末蓄水位。

第四，兴利下限水位是向各受益单位正常供水的最低限度，故当库水位接近兴利下限水位时，应及早降低供水，以免在后期更加紧张，库水位不得消落到兴利下限水位以下。

五、兴利调度

为了顺利完成年度总干渠供水、发电用水、下游用水等各项任务，充分发挥水库的兴利效益。在每年4月初开始收集整理气象部门提供的冬季降水资料及气象年景趋势预测，结合水文局提供的水量预测报告进行全面分析，确定是丰水年份或是枯水年份，选择典型年来水过程。根据总干渠调度运行计划、发电用水计划、下游需水要求等有关资料，制订年度蓄水供水计划，确定年度供水计划指标和供水期内水库运用指标。

按照水库所承担兴利任务的重要程度，合理分配水资源，谋求经济效益最大化。调度控制运用要得当，充分利用水库的调蓄能力，合理地安排蓄、泄关系，多次重复使用调蓄库容，做到多蓄水、少弃水。从兴利方面来看，调节性能较低的水库，在汛期实际水位略低于防洪限制水位运行时可以增加利用水量及增加发电量，充分发挥工程的效益。

（一）供水情况

在向总干渠供水过程中，严格执行供水计划。根据供水调度中心签发的调度指令，对照总干进水闸开度—水位—流量关系曲线，进行总干进水闸门开度控制。供水流量通过在总干进水闸0+380处的测流断面监控，并委托水文局进行实测校验。

（二）发供电情况

"635"水电站首台机组于2000年9月并网发电。总装机容量约占地区电网总装机容量的1/3，投运初期地区电网为孤网运行，上网电量较少。"635"水电站由主调频改为副调频，电能质量得到了显著提高。同时有效地利用丰水期可贵的水资源，充分发挥发电设备的运行效率，尽量减少水能资源的浪费。水电站以低廉的发电成本，有效地促进和带动了当地工业、农业及牧业的快速发展。

为了充分发挥水库效益，要充分利用气象、水文预报和水情自动测报系统信息，密切监视流域雨情水情变化，控制好水库水位，降低耗水率，争取电网负荷高峰期时机组多发满发。同时，充分挖掘潜力，满足调峰调频电厂"开得起、调得出、停得下"的要求。汛前和汛后争取不弃水，尽量多发电；遇平水年，蓄发兼顾，在完成发电计划的条件下，尽可能多蓄水，适当提高水位；遇偏枯年，采取"以蓄为主，以水定电"的调度方式。

当入库流量小于机组满负荷运行所需流量时，受电网调度及机组发电运行方式的影响，水库水位要由发电来控制。该阶段应加强机组设备的运行维护和消缺工作，保证检修质量，确保机组汛期安全可靠运行。

（三）下游灌溉用水

为解决下游农业春季灌溉和汛后秋灌用水高峰与同期上游来水偏少的矛盾，"635"水库充分发挥其调蓄功能，利用存蓄水量进行调剂补充，满足了下游地区农业的用水需求，确保了当地农业的全面丰收。

4月中下旬，下游开始春灌用水。当上游来水量大于下游需水流量时；下泄流量按下游用水要求进行控制；当上游来水量小于下游需水流量时，加强与下游用水单位联系，实施科学调度，满足下游供水。

8月和9月秋灌用水时，当上游来水小于下游需水时，按来水加大10%～20%的流量下泄，尽可能地满足下游需水要求。

春、秋两季灌溉用水期间，应积极主动与当地电力部门协调，尽量通过发电向下游放水。当发电下泄水量不能满足下游用水需求时，可以开启溢洪道向下游补充水量。

六、洪水调度

洪水调度是利用水库调蓄洪水、削减洪峰，减轻或避免洪水灾害的重要防洪措施。水库防洪调度任务是汛期确保水库安全度汛，保障下游防护区安全。

水库洪水预报是根据前期和现时已出现的水文气象等因素，对洪水的发生和变化过程做出科学预测。准确的洪水预报可使汛期水库防洪调度取得更大的主动权，对防御洪水灾害、保障水库工程和下游防护区安全具有重要作用。

每年要按照设计确定的洪水标准，编制年度防洪调度计划。根据收集的当年冬季降雪资料和历年水文资料以及降雪、降雨资料进行统计分析。依据水文气象预测预报，结合工程现状，进行洪水调度。主汛期即5月中旬至6月上旬，汛限水位为644.00 m，水库最高水位645.17 m。明确各泄水建筑物的运用原则和要求，提出了汛期调度运行中需注意的重大问题，为防洪度汛做好充分的技术准备。

根据大坝设计洪水标准和下游防护区的防洪标准，对入库洪水进行实时合理的调蓄。在正常洪水情况下，应确保大坝的安全，充分发挥水库拦、削洪峰的作用，保证下游的安全，合理安排淹灌与泄洪。洪水后期，应根据工程运行情况和气象状况，及时拦蓄尾汛以满足枯水期供水、发电等要求。若出现超设计标准洪水，应立即采取紧急抢护措施，力争保坝安全并减轻下游的洪水灾害。启动防汛抢险应急预案，并及时向下游预警、报警。

工程投入运行以来，"635"水库在历次较大的洪水调度中，针对不同洪水特点，分别制定了切合实际的调度方案并正确实施，从而保证了枢纽安全度汛，发挥了工程效益。

第九节　渠道工程调度运行

本节以北疆调水工程为例，阐述渠道工程调度运行基本知识。

一、调度运行原则

北疆调水工程总干渠、南干渠总长510 km，渠道工程调度运行的重点在于确保工程运行安全，难点在于如何利用有限的水源满足用水户日益增长的用水需求。建管局在长期实践的基础上总结出以下调度原则。

第一，"统"，严格纪律，统一调度。这一原则是所有调度运行管理工作的前提和基础，必须严格遵守。在工程供水运行过程中，我们强调"铁"的纪律，一切行动听指挥，也就是要求严格落实各项规章制度，这一点尤为重要。

第二，"稳"，在正常运行情况下，应尽量保持运行流量的稳定。干渠运行采用"先小流量低水位贯通，后逐步加大流量抬高水位，以近似明渠均匀流方式运行"的方法；运行中期尽量采取无节制运行的方式，干渠运行流量的调整，主要通过总干进水闸与顶山分水枢纽的协调联动来实现。

第三，"控"，依据工程供水目标，合理调控闸门，尽量满足各方用水需求。根据目前北疆调水工程的供水目标，我们遵照"确保工业、城镇供水，兼顾沿线灌区用水，尽量满足各方面用水需求"的原则。①总干渠沿线布置有三座分水闸，不分汛期还是非汛期，原则上均按需水要求供水。为使整个干渠运行中水位、流量相对稳定，上述三个分水闸的分水流量变动由总干进水闸调控来满足。②西干渠分水则充分发挥尾部三个水库的调蓄功能。汛期（4～7月）要按渠道的输水能力和需求最大量供水（大体控制在30 m³/s左右）；非汛期（8～10月）原则上以西干渠沿线的需水过程线供水。③南干渠分水，汛期（4～7月）供水上限为平原明渠设计输水能力加沿程损失（约27.5 m³/s），供水下限为平原三个分水闸分水量总和，多余水量进入"500"水库；非汛期（8～10月）按平原三个分水闸需求尽可能满足供水，"500"水库进水则根据与南干各分水闸分水之间的轻重缓急关系相互协调。④平原三个分水闸按相互协调的原则分配水量。三个分水闸需求流量低于25 m³/s时，按需水过程线供水；三个分水闸需求流量大于25 m³/s时，按年供水比例来分配25 m³/s到各分水闸。⑤当小流量低水位运行时，依靠节制闸调节，适当抬高水位尽量满足分水要求，但必须控制好水位的变化。运行过程中，分水流量有较大的调整时，总干进水闸流量应做相应调整，以保证干渠用水，避免渠道水位出现较大波动。

第四，"缓"，流量的增加或减小应缓慢进行，严格控制水位的变幅符合安全要求。运行过程中，流量调整时应严格控制渠道水位变幅，分级进行、逐步完成。正常停水时，应合理分级调减总干进水闸的引水流量，严格控制水位降落速度。建管局根据北疆调水工程实际情况提出以下标准：调增流量时，2 h水位增幅不大于50 cm，全天水位增幅不大于100 cm；调减流量时，总干渠段2 h水位降幅不大于30 cm，全天水位降幅不大于50 cm。南干渠平原明渠以上段，2 h水位降幅不大于20 cm，全天水位降幅不大于30 cm。平原明渠段，2 h水位降幅不大于30 cm，全天水位降幅不大于40 cm。

第五，"早"，早送水、早停水、早排空、早解决。在工程具备运行条件前提下，争取早送水；降温前，尽量早停水；停水后，整个渠道早排空；及时维修，工程问题早解决。

二、水闸的控制运用

北疆调水工程沿线共设有32座水闸（1座分水枢纽、1座入库节制分水闸、1座水库放空涵洞出口供水闸、1座水库放空涵洞出口退水闸、2座节制闸、2座倒虹吸进口节制退水闸、2座倒虹吸出口节制闸、6座分水闸、16座节制退水闸），对水闸的控制运用建管局有严格的规定。

（一）一般规定

第一，运行管理人员严格执行闸门启闭机运行的操作规程，遵守运行巡视检查、运行值班、安全防护等规章制度。

第二，参加运行的管理人员必须思想端正，熟练掌握所从事岗位机电设备的性能及操作、养护、安全防护等方法；必须进行上岗培训并取得相应的上岗资格证。

第三，输水运行前，应完成对闸门机电设备的检修和养护工作，使所投入运行的设备性能完好、可靠，能随时投入运行。

第四，运行前应对闸门机电设备的性能进行全面检查，正确处理对输水运行造成不利影响的各种设备缺陷，使机电设备完好地投入运行。

第五，输水运行前，对闸门进行启闭试运行。

第六，做好闸门启闭机运行所需的备品备件、设备资料、运行资料、运行工具、安全消防器材的准备工作。

第七，闸门启闭机是输水运行的控制性设备，必须与上下游工程相配合，严格按照运行技术要求和调度指令启闭，进行水位、流量控制。对调度指令应详细记录、复核并将执行情况及时向上级主管部门报告。

第八，运行期间要加强闸门机电设备的巡检和维护，及时发现并正确处理运行中出现的各种故障，使机电设备始终保持良好的性能状态。

第九，对新投入设备、经过大修或故障处理的设备，在运行时，应重点观测和监护。

第十，对闸门启闭机设备的运行资料应认真整理并归档保管，为设备的检修和养护提供完整可靠的依据。

（二）各类水闸的控制运行

第一，节制闸的控制运用应符合下列要求：①根据渠道来水情况和分水、退水需要，能适时调节上游水位和过闸流量。②在有泥沙入渠的渠段中，节制闸运行，应兼顾输水和防沙要求。

第二，退水闸的控制运用应符合下列要求：①输水运行前，应对退水渠道及纳水区进行安全、可靠性检查，对退水能够影响到的交通、居民安全等，应采取必要防范措施。②当接到退水指令后，必须严格按照有关规定进行操作，按时开闸退水，并严密监视消能及防冲设施的安全。③退水过程中，应随时向上级主管部门报告工情、水情变化情况，并及时执行调整闸门及退水量的指令。④退水结束后，及时对退水渠及纳水区进行应用情况调查，以便改进和完善。

第三，分水闸的控制运用应符合下列要求：①按分水计划，严格控制闸门开度和闸前水位。②如果渠道水位变化较大，应及时向上级报告，按调度指令调整闸门开度。

（三）水闸在冰冻期间的运用

第一，在冰冻期有运行要求的闸门（如"500"水库涵洞后退水闸、供水闸），应有可靠的防冻措施，保障闸门的启闭安全。

第二，冰冻期间启闭闸门前，应认真检查闸门冻结情况，发现冻结，必须采取有效措施，消除闸门周边和运转部位的冻结。

三、渠道工程应急调度

由于北疆调水工程距离长，中间没有调节水库，若发生溃堤或漫堤险情需要紧急停水时，必须采取有效的应急调度措施，通过工程沿线节制退水闸的配合联动，尽快稳妥地将险情渠段的水体疏导出渠道，避免险情的进一步扩大，减少损失。

（一）溃堤事故应急调度

溃堤事故可能发生在高填方渠段，其诱因包括恶性管涌、恐怖破坏、自然灾害等。当险情发生需要紧急停水时，建管局调度中心、分中心立即采取以下调度措施：

第一，立即关闭事故点相邻上一级节制闸，提起配套的退水闸。

第二，控制关闭总干进水闸及事故点上游其他各节制闸，同时注意观察闸前水位，适时提起退水闸使闸前水位不超过设计水位。

第三，为防止事故点下游水体倒流、水位骤降，提起相邻下一级配套退水闸，使事故段内的水体通过退水闸退出，下游各节制闸宜适当调节，控制下游水位的降落速度。

第四，退水闸、节制闸的启闭，应分步完成，防止节制闸上、下游水位变幅过大，造成事故扩大。

（二）漫堤事故应急调度

漫堤事故可能发生在任意渠段，其诱因包括渠道严重滑塌、闸门卡阻、恐怖破坏、自然灾害等。当险情发生需要紧急停水时，建管局调度中心、分中心立即采取以下调度措施：

第一，立即关闭事故点相邻的上一级节制闸，提起配套的退水闸。

第二，控制关闭总干进水闸及事故点上游其他各节制闸，同时注意观察闸前水位，适时提起退水闸，使闸前水位不超过设计水位。

第三，险情下游各级节制闸适当调节控制，避免水位降速过大。

第四，退水闸、节制闸的启闭，应分步完成，防止节制闸上、下游水位变幅过大，造成事故扩大。

四、渠线防洪

（一）洪水成因及特性

北疆调水工程沿线植被稀疏，多为低山丘陵戈壁荒漠。总干渠沿线分布大小洪沟478条，南干渠沿线分布大小洪沟112条，多数洪沟坡降平缓，河床多为戈壁沙土，遇较强暴雨或春季融雪时，这些洪沟可产生一定的洪水，危及渠道工程安全。

（二）渠线防洪措施

北疆调水工程渠线防洪措施包括工程措施、非工程措施和组织措施。工程措施是指已建成的沿工程渠线布设的防洪堤、蓄洪库、纳洪口、排洪涵洞、排洪渡槽等；非工程措施强调人的作用，要求一线运管工作人员严格落实工程巡视检查制度，监视排洪蓄洪建筑物的功能工况，发现防洪设施的薄弱环节，及时采取有效措施，切实保证防洪设施发挥作用；组织措施是指建管局成立了渠道工程防洪度汛领导小组，专门负责渠道工程防洪度汛工作的统一调度和指挥。

（三）渠线防洪抢险预案

建管局将事故应急预案制度化，对预案的编制提出了具体要求，每年结合工程实际状况，从组织调度、职责任务、抢险队伍、通信设施、物资储备、机械设备、气象预报、安全保卫、后勤保障等方面做出严格规定。一旦渠道工程受到洪水破坏发生险情，在防洪领导小组的统一指挥下，各责任单位和部门协调行动，抢险队伍、抢险机械、防洪物资将在最短时间内到达事故现场，使险情得到有效控制，将工程损失减少到最低限度。

第二章　水工建筑物的管理与维修

第一节　水工建筑物的管理

一、概述

水利工程建成后，必须通过全面有效的管理，才能实现预期的工程效益，并验证工程规划、设计的合理性。水利工程管理的根本任务是利用工程措施，对天然径流进行实时时空再分配，即合理调度，以适应人类生产、生活和自然生态的需求。水工建筑物管理目的在于：保持建筑物和设备经常处于良好的技术状况，正确使用工程设施，调度水资源，充分发挥工程效益，防止工程事故。水工建筑物管理是水利工程管理的一部分。由于水工建筑物种类繁多，功能和作用不尽相同，所处客观环境也不一样，所以水工建筑物管理具有综合性、整体性、随机性和复杂性的特点。通过国内外数十年现代管理的经验，大坝安全是管理工作的中心和重点。以大坝为中心的水利工程的安全监测和检查，属于水工建筑物的技术管理，其主要工作是：

（一）检查与观测

通过管理人员现场观察和仪器测验，监视工程的状况和工作情况，掌握其变化规律，为有效管理提供科学依据；及时发现不正常迹象，采取正确应对措施，防止事故发生，保证工程安全运转；通过原型观测，对建筑物设计的计算方法和计算数据进行验证；根据水质变化做出动态水质预报。检查观测的项目：观察、变形观测、渗流观测、应力观测、混凝土建筑物温度观测、水工建筑物水流观测、冰情观测、水库泥沙观测、岸坡崩塌观测、库区浸没观测、水工建筑物抗震监测、隐患探测、河流观测以及观测资料的整编、分析等。

（二）养护修理

对水工建筑物、机电设备、管理设施以及其他附属工程等进行经常性养护，并定期检修，保持工程完整、设备完好。养护修理一般可分为经常性养护维修、岁修和抢修。

（三）调度运用

制订调度运用方案，合理安排除害与兴利的关系，综合利用水资源，充分发挥工程效益，确保工程安全。调度运用要根据已批准的调度运用计划和运用指标，结合工程实际情况和管理经验，参照近期气象水文预报情况，进行优化调度。

（四）水利管理自动化系统的运用

主要项目有：大坝安全自动监控系统、防洪调度自动化系统、调度通信和警报系统、供水调度自动化系统。

（五）科学实验研究

针对已经投入运行的工程，在安全保障、提高社会经济效益、延长工程设施的使用年限、降低运行管理费用以及在水利工程中采用新技术、新材料、新工艺等方面进行试验研究。

（六）积累、分析、应用技术资料，建立技术档案

我国已修建了大量的水工建筑物，做好水工建筑物管理愈来愈显得重要。水工建筑物管理也正沿着制度化、规范化、自动化及信息化方向发展，但在这一方面，我国与发达国家相比还有一定差距。目前，我国已颁布了《中华人民共和国水法》，国务院也相继颁布了大坝安全管理的一系列条例、规范，以及科学技术的进步，这些都是做好水工建筑物管理的重要依据和有利条件。

二、大坝安全

从灾害学观点看，大坝失事灾害是一种特殊的灾种，一经触发后果十分严重。随着经济社会发展以及城市化进程的加快，人口与财产高度集中，发生事故的后果也会越来越严重。水工建筑物的特点，不仅表现在投资大、效益大、设计施工复杂，也表现在失事后果严重。其本身的存在，就具有事故的风险性。随着时间推移，结构老化以及随机性等原因，大坝出现事故难以完全避免。但是，采取措施减免事故或失事，可将灾害造成的损失减至最小，特别是减少人员伤亡还是能够做到的。解决办法就是要严格按规程管理。在我国，近几年由于各方面的努力，垮坝率也在降低。为降低垮坝率，保证工程安全，必须采取有效的措施，包括：①改进大坝设计方法；②加强大坝安全监测；③重视工程的规划和勘探，特别是水文分析和地质、地基勘探工作；④严格大坝运行管理、除险加固。

经验和研究表明，大坝失事和发生事故的主要原因有如下几个方面：

第一，坝工设计理论和方法不够完善，设计假定、计算结果与实际情况难以完全吻合。例如，所采用的设计洪水标准可能因水文系列不够长或代表性不足而偏低；地质的不确定性导致的处理措施不力；地基和坝体材料的物理力学参数选用的数值与实际情况发生较大的偏差等。

第二，水工建筑物在施工中可能出现与设计不符的情况及质量问题，留下隐患与缺陷。

第三，环境因素及坝体、坝基自身条件在运用中可能发生的不利变化，建筑物材料老化（开裂、冲蚀、腐蚀、风化等）。

第四，自然灾害。如大洪水、地震、滑坡、泥石流、雪崩、上游垮坝、泄水建筑物阻塞故障等。

一座坝出现事故或失事的原因是多方面的，一般有：①洪水漫顶；②过大的应力或变形；③过大渗漏引起管涌；④以上几种原因的综合或互相诱导而引发垮坝。值得注意的是，我国大、中型水库，特别是小型水库的垮坝风险很大，原因是：普遍存在防洪标准低、坝体施工质量差、工程隐患多、通信手段落后和管理不完善等问题。

在研讨致灾条件时，坝龄是一个引人注意的因素，大坝在建成后的初期和老龄化后，最容易出现问题。

施工期大坝失事多数为土石坝的漫顶破坏。在大、中型水电工程中，为尽快发挥工程效益，常常提出提前发电的要求，即在主体工程尚未全部竣工之前，水电站便开始投入运行，大坝便开始工作。此刻水库尚未完全形成，工作条件可能比设计情况更为恶劣，而设计、施工以及地基方面的缺陷也会很快暴露出来。为此，在提前发电或竣工后运行初期，要加强监测，要求做到手段多样化，观测内容全面化，观测检查制度化，由有经验的人员实际监视，及时发现问题、排除故障。

大坝在正常工作的龄期内，产生洪水漫顶导致垮坝的，属随机事故。这类事故在失事坝中的比重，各国统计数字均占首位，在我国占51.5%。漫顶失事的概率密度与大坝寿命和质量关系不大，主要随所遭遇的洪水而定，表现为随机失效的特点。漫顶失事主要是土石坝。漫顶主要是由于入库流量超标、溢洪道故障、闸门操作失灵等。持续漫顶，会增加失事致灾的可能。

大坝的寿命曲线可分为初期运行、正常运行和老化期三个阶段。由于材料老化、气候变化、地下水浸蚀、泥沙等作用，其强度和稳定将逐渐降低，同时附属设施等也会出现老化现象，这就需要及时补强、修缮和更新，以免大坝出现失事的严重后果。

目前对大坝老化有如下几点认识：

第一，土石坝与混凝土坝、砌石坝相比，老化速率较慢，但洪水漫顶是土石坝的致命危险。

第二，筑坝技术对堤坝老化和事故影响很大，随着筑坝技术的发展，坝的技术性能不断提高，其老化和破坏率也随之减小。

第三，随着坝龄增加，堤坝遭受各种外力作用及意外考验的概率增高，使堤坝老化加剧。也就是说，除了坝自身外，水库蓄泄的频次和幅度以及地震、洪水、异常气候、生物侵害等不利影响均随坝龄增长而增大，这是堤坝老化的外因。

第四，加强管理、维修工作，保持堤坝承载能力，可延缓堤坝的老化过程。

三、水工建筑物监测

对运行中的水工建筑物进行安全监测，能及时获得其工作状态的第一手资料，从而可评价其状态、发现异常迹象实时预警、制定适当的控制水工建筑物运行的规程，以及提出管理维修方案、减少事故、保障安全。

安全监测工作贯穿于坝工建设与运行管理全过程。我国水工建筑物安全监测分为设计、施工、运行三个主要阶段。监测工作包括：观测方法的研究，仪器设备的研制与生产，监测设计，监测设备的埋设安装，数据的采集、传输和储存，资料的整理和分析，水工建筑物实测形态的分析与评价等。水工建筑物监测一般概括为现场检查和仪器监测两个部分。

（一）现场检查

现场检查或观察就是用直觉方法或简单工具，从建筑物外观显示出来的不正常现象中分析判断建筑物内部可能发生的问题，是一种直接维护建筑物安全运行的措施。即使有较完善监测仪器设施的工程，现场检查也是保证建筑物安全运行不可替代的手段。因为建筑物的局部破坏现象（也许是大事故的先兆），既不一定反映在所设观测点上，也不一定发生在所进行的观测时刻。

现场检查分为：经常检查、定期检查和特别检查。经常检查是一种经常性、巡回性的制度式检查，一般一个月1～2次；定期检查需要一定的组织形式，进行较全面的检查，如每年大汛前后的检查；特别检查是发现建筑物有破坏、故障、对安全有疑虑时组织的专门性检查。

混凝土坝现场检查项目一般包括：坝体、坝基和坝肩；引水和泄水建筑物；其他，如岸坡、闸门、止水、启闭设备和电气控制系统等。

土石坝现场检查项目一般包括：土工建筑物边坡或堤（坝）脚的裂缝、渗水、塌陷等现象。

应当指出，监测或检查都是非常重要的，特别是大、中型工程，主要靠经常性的观察与检查，发现问题，及时处理。

（二）仪器监测

1. 变形观测

变形观测包括：土工、混凝土建筑物的水平及铅垂位移观测，它是判断水工建筑物正常工作的基本条件，是一项很重要的观测项目。

（1）水平位移观测

水平位移观测的常用方法是：用光学或机械方法设置一条基准线，量测坝上测点相对于基准线的偏移值，即可求出测点的水平位移。按设置基准线的方法不同，分为垂线法、引张线法、视准线法、激光准直法等。坝体表面的水平位移也可用三角网法等大地测量方法施测。

较高混凝土坝坝体内部的水平位移可用正垂线法、倒垂线法或引张线法量测。

①垂线法。垂线法是在坝内观测竖井或空腔设置一端固定的、在铅直方向张紧的不锈钢丝，当坝体变形时，钢丝仍保持铅直。可用以测量坝内不同高程测点的位移。一般大型工程不少于3条，中型工程不少于2条。按钢丝端部固定位置和方法不同，分为正垂线法和倒垂线法。

正垂线法是上端固定在坝顶附近，下端用重锤张紧钢丝，可测各点的相对位移。倒垂线法是将不锈钢丝锚固在坝体基岩深处，顶端自由，借液体对浮子的浮力将钢丝拉紧，可测各点的绝对位移。

②引张线法。引张线法是在坝内不同高程的廊道内，通过设在坝体外两岸稳固岩体上的工作基点，将不锈钢丝拉紧，以其作为基准线测量各点的水平位移。

在大坝变形监测中，普遍采用垂线法和引张线法，目前我国采用国产的遥测垂线坐标仪和遥测引张线仪主要有电容感应式、步进电机光电跟踪式等非接触式遥测仪器，提高了观测精度和观测效率。

③视准线法。视准线法是在两岸稳固岸坡上便于观测处设置工作基点，在坝顶和坝坡上布置测点，利用工作基点间的视准线测量坝体表面各测点的水平位移。这里的视准线，是指用经纬仪观察设置在对岸的固定觇标中心的视线。

④激光准直法。激光准直法分为大气激光准直法和真空激光准直法。前者分为激光经纬仪法和波带板法两种。

真空激光准直宜设在廊道中，也可设在坝顶。大气激光准直宜设在坝顶，两端点的距离不宜大于300 m，同时使激光束高出坝面和旁离建筑物1.5 m以上；大气激光准直也可设在气温梯度较小、气流稳定的廊道内。

真空激光准直每测次应往返观测一测回，两个半测回测得偏离值之差不得大于0.3 mm。大气激光准直每测次应观测两测回，两测回测得偏离值之差不得大于1.5 mm。

⑤三角网法。利用两个或三个已知坐标的点作为工作基点，通过对测点交会算出其坐标变化，从而确定其位移值。

（2）铅直位移（沉降）观测

各种坝型外部的铅直位移，均可采用精密水准仪测定。不同水工建筑物基岩的铅直位移，可采用多点基岩位移计测量。

对混凝土坝坝内的铅直位移，除精密视准法外，还可采用精密连通管法量测。

土石坝的固结观测，实质上也是一种铅直位移观测。它是在坝体有代表性的断面（观测断面）内埋设横梁式固结管、深式标点组、电磁式沉降计或水管式沉降计，通过逐层测量各测点的高程变化，计算固结量。土石坝的孔隙水压力观测应与固结观测配合布置，用于了解坝体的固结程度和孔隙水压力的分布及消散情况，以便合理安排施工进度，核算坝坡的稳定性。

2. 接缝、裂缝观测

混凝土建筑物的伸缩缝是永久性的，是随荷载、环境的变化而开合的。观测方法是在测点处埋设金属标点或用测缝计进行。需要观测空间变化时，亦可埋设"三向标点"。由于非正常情况所产生的裂缝，其分布、长度、宽度、深度的测量可根据不同情况采用测缝计、设标点、千分表、探伤仪以至坑探、槽探或钻孔等方法。

当土石坝的裂缝宽度大于5 mm或虽不足5 mm，但较长、较深，或穿过坝轴线，以及弧形裂缝、垂直裂缝等都须进行观测。观测次数视裂缝发展情况而定。

3. 应力、应变和温度观测

在混凝土建筑物内设置应力、应变和温度观测点，及时了解局部范围内的应力、温度及其变化情况。

（1）应力、应变观测

应力、应变的离差比位移要小得多，作为安全监控指标比较容易把握，故常以此作为分级报警指标。应力属建筑物的微观形态，是建筑物的微观反映或局部现象反映。变位或变形属于综合现象的反映。埋设在坝体某一部位的仪器出现异常，总体不一定异常；总体异常，不一定所有监测仪表都异常，但总会有一些仪表异常。我国大坝安全监测经验表明：应力、应变观测比位移观测更易于发现大坝异常的先兆。

应力、应变测器（如应力或应变计，钢筋、钢板应力计，锚索测力器等）的布置需要在设计时考虑，在施工期埋设在大坝内部，由于其对施工干扰较大，且易损坏，更难进行维修与拆换，故应认真做好。应力、应变计等需用电缆接到集线箱，再使用二次仪表进行定期或巡回检测。在取得测量数据推算实际应力时，还应考虑温度、湿度以及化学作用、物理现象（如混凝土徐变）的影响。把这部分影响去掉才是实际的应力或应变，为此还需要同时进行温度等一系列同步测量，并安装相应测器。

重力坝的观测坝段常选择一个溢流坝段和一个非溢流坝段，对重要工程和地质条件复杂的工程还应增加观测坝段。拱坝的观测断面一般选择拱冠处的悬臂梁和若干个高程处的拱座断面。重力坝和拱坝的水平观测截面，应在距坝基面不小于5 m以上的不同高程处布置3～5个水平观测截面。

土石坝的应力观测，常选择1～2个横断面作为观测断面，每个观测断面的不同高程上布置2～3排测点，测点分布在不同填筑材料区。所用仪器为土压力计。

在水闸的边墩、翼墙、底板等土与混凝土建筑物接触处，也常需量测土压力。

混凝土面板坝的面板应力观测，一般选择居于河床中部、距岸1/4河谷宽处及靠岸坡处等有代表性的面板，其中应包含长度最大的面板。

（2）温度观测

温度观测包括坝体内部温度观测、边界温度观测和基岩温度观测。温度观测目的是掌握建筑物、建筑环境或基岩的温度分布情况及变化规律。坝体内部温度测点布置及温度观测仪器的选择应结合应力测点进行。

4. 渗流观测

据国内外统计，因渗流引起大坝出现事故或失事的约占40%。水工建筑物渗流观测目的，是以水在建筑物中的渗流规律来判断建筑物的形态及其安全情况。渗流观测的内容主要有渗流量、扬压力、浸润线、绕坝渗流和孔隙水压力等。

（1）土石坝的渗流观测

土石坝渗流观测包括：浸润线、渗流量、坝体孔隙水压力、绕坝渗流等。

①浸润线观测。实际上就是用测压管观测坝体内各测点的渗流水位。坝体观测断面上一些测点的瞬时水位连线就是浸润线。由于上、下游水位的变化，浸

润线也随时空发生变化。所以，浸润线要经常观测，以监测大坝防渗、地基渗流稳定性等情况。测压管水位常用测深锤、电测水位计等测量。测压管用金属管或塑料管，由进水管段、导管和管口保护三部分组成。进水管段需渗水通畅、不堵塞，在管壁上应钻有足够的进水孔，并在管的外壁包扎过滤层；导管用以将进水管段延伸到坝面，要求管壁不透水；管口保护用于防止雨水、地表水流入，避免石块等杂物掉入管内。

测压管应在坝竣工后、蓄水之前钻孔埋设。

②渗流量观测。一般将渗水集中到排水沟（渠）中，采用容积法、量水堰或测流（速）方法进行测量，最常用的是量水堰法。

③坝体孔隙水压力观测。土石坝的孔隙水压力观测应与固结观测的布点相配合，其观测方法很多，使用传感器和电学测量方法有时能获得更好的效果，也易于遥测和数据采集与处理。

④绕坝渗流观测。坝基、土石坝两岸或连接混凝土建筑物的土石坝坝体的绕坝渗流观测方法与以上所述基本相同。

⑤渗水透明度观测。为了判断排水设施的工作情况，检验有无发生管涌的征兆，对渗水应进行透明度观测。

（2）混凝土建筑物的渗流观测

坝基扬压力观测多用测压管，也可采用差动电阻式渗压计。测点沿建筑物与地基接触面布置。扬压力观测断面，通常选择在最大坝高、主河床、地基较差以及设计时进行稳定计算的断面处。坝体内部渗流压力可在分层施工缝上布置差动电阻式渗压计。与土石坝不同的是，渗压计等均需预先埋设在测点处。

混凝土建筑物的渗流量和绕坝渗流的观测方法与土石坝相同。

5．水流观测

对于水位、流速、流向、流量、流态、水跃和水面线等项目，一般用水文测验的方法进行测量，辅以摄影、目测、描绘和描述，参见《水工建筑物与堰槽测流规范》（SL 537–2011）。

对于由高速水流引起的水工建筑物振动、空蚀、进气量、过水面压力分布等项目的观测部位、观测方法、观测设备等，参见相关规定。

大坝安全监测可用于：

（1）施工管理

主要是：①为大体积混凝土建筑物的温控和接缝灌浆提供依据，例如，重力坝纵缝和拱坝收缩缝灌浆时间的选择需要了解坝块温度和缝的开合状况；②掌握土石坝坝体固结和孔隙水压力的消散情况，以便合理安排施工进度等。

（2）大坝运行

大坝一般是建成后蓄水，但也有的是边建边蓄水。蓄水过程是对工程最不利的时期。这期间必须对大坝的微观、宏观的各种形态进行监测，特别是变位和渗流量的测定更为重要。对于扬压力、应力、应变以及围岩变位、两岸渗流等的监测都是重要的。土石坝的浸润线、总渗水量、重力坝的扬压力变化、坝基附近情况、拱坝的拱端和拱冠应力沿高程变化、温度分布等都需要特别注意。

（3）科学研究

以分析研究为目标的监测，可根据坝型确定观测内容。例如，重力坝纵缝的作用，横缝灌浆情况下的应力状态；拱坝实际应力分布与计算值、实验值的比较；土石坝的应力应变观测等。目标愈广泛，可靠性要求愈高，测器的布点就愈要斟酌，甚至要重复配置。

四、大坝安全评价与监控

要对大坝做定期检查，主要是进行现场检查和对大坝设计、施工和运行进行复查、评价，评估大坝所处的工作状态类型（正常状态、异常状态及险情状态），据此向主管单位提交大坝安全鉴定报告。

（一）现场检查

现场检查包括对坝体、坝基、坝肩以及对大坝安全有重大影响的近坝岸坡和其他与大坝安全有直接联系的建筑物等进行巡视检查。

对混凝土坝、土石坝、泄洪建筑物和近坝库区检查的部位和重点各不相同。

（二）对设计、施工及运行的复查与评价

1. 设计复查内容

第一，复查勘测设计数据与资料。

第二，复查设计标准、结构设计、水力设计、坝基处理设计等，考查其是否符合新近的设计方法和标准，以及客观条件的情况。

第三，复查运行设计的安全可靠性及非常情况大坝安全设计，包括放空水库设计、泄洪能力数据等。

第四，复查大坝维修和改建设计，分析其对大坝安全的作用。

2．施工复查内容

第一，复查地基处理、坝体修筑、隐藏工程的施工资料。

第二，复查由施工质量问题造成的大坝弱点及隐患，评价它们对大坝安全的影响。

3．运行复查内容

第一，复查水库第一次蓄水的原始记录和分析成果。

第二，复查运行期的观测资料和分析成果，了解大坝维修和改善的历史过程和现状，评价大坝的实际工作形态。

第二节　水工建筑物的维修

由于水工建筑物长期与水接触，需要承受水压力、渗流压力，有时还受侵蚀、腐蚀等化学作用；泄流时可能产生冲刷、空蚀和磨损；设计考虑不周或施工过程中对质量控制不严，在运行中出现问题；建筑物遭受特大洪水、地震等预想不到的情况而引起破坏等，需要对水工建筑物进行经常性养护，发现问题，及时处理。

一、水工建筑物的养护

对水工建筑物养护的基本要求是：严格执行各项规章制度，加强防护和事后修整工作，保证建筑物始终处于完好的工作状态。要本着"养重于修，修重于抢"的精神，做到小坏小修，不等大修；随坏随修，不等岁修。养护工作包括以下几个方面：

（一）土石坝

坝顶、坝坡应保持整齐清洁，填塞坝面的裂缝、洞穴和局部下陷处，防止排水设施淤塞，及时修复因波浪而掀起的块石护坡等。

（二）混凝土及钢筋混凝土建筑物

填塞混凝土裂缝，处理疏松或遭侵蚀的混凝土，随时填满分缝止水沥青井中的沥青，放水前清除消力池中的杂物，保持排水系统通畅等。

（三）钢结构

定期除锈、涂油漆，检查铆钉、螺栓是否松动，焊缝附近是否变形。闸门应定期启动，以防止泥沙淤积，橡皮止水如有硬化应及时更换。

（四）木结构

尽量保持干燥，定期涂油漆或沥青进行防腐处理，对个别损坏构件及时更换等。

（五）启闭机械和动力设备

应有防尘、防潮设施，经常保持清洁，定期检修；轴承、齿轮、滑轮等转动部分应定期加润滑油，如有损坏应及时修补或更换。

（六）北方寒冷地区的建筑物

北方寒冷地区还要防止冰冻对建筑物的破坏等。

二、混凝土及钢筋混凝土建筑物的维修

（一）裂缝处理

水工混凝土要有足够的强度（抗拉、抗压强度等）和耐久性。由于施工质量不良及长期运行老化等原因，可能使建筑物产生裂缝等不利情况，危及建筑物的

安全。对不同的裂缝可采用不同方法进行处理。

1. 表面涂抹及贴补

表面涂抹可减少裂缝渗漏，但只能用于非过水表面的堵缝截漏。贴补是用胶黏剂把橡皮、玻璃布等粘贴在裂缝部位的混凝土表面，主要用于修补对结构物强度没有影响的裂缝，特别用于修补伸缩缝及温度缝。

2. 齿槽嵌补

沿缝凿—深槽，槽内嵌填各种防水材料（如环氧砂浆、沥青油膏、干硬性砂浆、聚氯乙烯胶泥等），以防止内水外渗或外水内渗，主要用于修理对结构物强度没有影响的裂缝。

3. 灌浆处理

对于破坏建筑物整体性的贯穿性裂缝或在水下不便于采取其他措施的裂缝宜采用灌浆法处理。较常采用的是水泥灌浆及化学灌浆。一般当裂缝缝宽大于 0.1～0.2 mm 时，多采用水泥灌浆；当裂缝宽度小于 0.1～0.2 mm 时，应采用化学灌浆。化学灌浆常用的材料有：水玻璃、铬木素、丙凝、丙强、聚氨酯、甲凝、环氧树脂等。甲凝和环氧树脂后两种多用于补强加固灌浆。

（二）表面缺陷的修补

若破坏深度不大，可挖掉破坏部分，填以混凝土或用水泥喷浆、喷水泥砂浆等方法修补。当修补厚度大于 10 cm 时，可采用喷混凝土，也可采用压浆法修补。对于过水表面，为提高其抗冲能力，可采用混凝土真空作业法。此外，还可采用环氧材料修补。环氧材料主要有：环氧基液、环氧石英膏、环氧砂浆、环氧混凝土等，这类材料具有较高的强度和抗渗能力，但价格较贵，工艺复杂，不宜大量使用。

第三章　水闸的养护与修理

第一节　水闸的养护与修理概述

一、水闸的组成和工作特点

（一）水闸的类型

水闸按其所承担的任务可以分为进水闸（取水闸）、节制闸、冲沙闸、分洪闸、排水闸、挡潮闸等。

水闸按照结构形式分开敞式水闸和涵洞式水闸。

国内已建的其他类型的水闸还有水力自控翻板闸、橡胶水闸、灌注桩水闸、装配式水闸。

（二）水闸的组成

水闸一般由上游连接段、闸室段及下游连接段三部分组成。

1. 上游连接段

上游连接段的主要作用是引导水流平顺、均匀地进入闸室，保护上游河床及两岸免于冲刷，并有防渗作用。一般包括上游防冲槽、上游护底、上游护坡、上游铺盖、上游翼墙等。上游防冲槽、上游护底、上游护坡主要起防冲作用。上游铺盖、上游翼墙除防冲作用之外，还有防渗作用。

2. 闸室段

闸室段是水闸的主体，有控制水流和连接两岸的作用。其一般包括底板、闸门、闸墩、胸墙（开敞式水闸）、交通桥、工作桥和启闭机房等。底板是闸室的基础，主要有支承上部结构的重量、满足抗滑稳定和地基应力的作用，还兼有防渗的作用。闸门的主要作用是控制水流。闸墩的目的是分隔闸孔和支承闸门、胸墙、交通桥、工作桥和启闭机房。胸墙的作用则是降低闸门和工作桥的高度，减小启门力，降低工程造价。交通桥的作用是连接水闸两侧的交通。工作桥用于支承、安装启闭设备。启闭机房用于安装和控制启闭设备。

3. 下游连接段

下游连接段的主要作用是将下泄水流平顺引入下游河道，有消能、防冲及防止发生渗透破坏的功能。一般包括护坦、下游翼墙、海漫和防冲槽及下游护坡。护坦、下游翼墙、海漫有消能和防冲及防止发生渗透破坏的作用。防冲槽及下游护坡主要起防冲的作用。

（三）水闸的工作特点

水闸的地基可以是岩基或土基，且多修建在土质地基上，它在抗滑稳定、防渗、消能防冲及沉陷等方面具有的工作特点和设计要求见表3-1。

表3-1 水闸的工作特点和设计要求

特点	设计要求
过闸水流具有较大动能，易于冲刷破坏下游河床及两岸	水闸泄水时，水流具有较大的能量，而土基抗冲能力较低，较易引起上下游河床及两岸的冲刷破坏，严重时会扩大到闸室地基，致使水闸失事。因此，设计水闸时必须采取有效的消能防冲措施
土基的抗滑稳定性差	当水闸挡水时，上下游水位差造成较大的水平水压力，使水闸有可能向下游侧滑动。同时，在上下游水位差的作用下，闸基及两岸均产生渗流。渗流将对水闸底板施加向上的渗透压力，减小水闸的有效质量，从而降低水闸的抗滑稳定性。因此，水闸必须具有足够的质量以维持自身的稳定
土基的沉陷问题	土基的压缩性大，承载能力低，在自重和外荷载的作用下，地基易产生较大的沉降量和沉降差，导致闸室高度不够或闸室倾斜，造成底板断裂或闸门不能正常开启等，引起水闸失事。因此，设计时必须合理选择闸型和构造，排好施工程序及采取必要的地基处理措施等，以减小地基沉陷
渗流易使闸下产生渗透变形	土基渗流除产生渗透压力不利闸室稳定外，还可能将地基及两岸土壤的细颗粒带走，形成管涌或流土等渗透变形，严重时闸基和两岸的土壤会被掏空，危及水闸的安全。因此，应合理设计防渗设施，并在渗流逸出处设反滤层等设施以保证不发生渗透变形

二、水闸的失事原因

水闸的失事原因是多方面的，主要破坏形式有因地基不均匀沉陷引起的闸墩开裂、混凝土结构因温度变化和超载运行而致开裂、闸门启闭机失灵、反滤层失效及渗透变形、出闸翼墙遭冲刷、泥沙淤积等。

下面主要从水闸裂缝进行论述。

（一）不均匀沉降产生裂缝的防治

造成工程地基不均匀沉降的原因有地基不均匀、荷载引发的不均匀这两种情况。地基的均匀程度是比较复杂的，从一定程度上来说，其一定是不均匀的，因此产生一定的沉降在所难免，只要不出现大面积的沉陷就不会出现具有危害性的裂缝。但是在软土地基中要十分注意，软土地基相对比较复杂，并且存在透镜体和不均匀带的现象，这样往往会产生大规模的沉降。另外就是荷载引起的沉降，荷载引起的沉降往往被人们所忽视，闸室的荷载大于上游铺盖、下游护坦荷载，在相连接的板块之间就会出现明显的不均匀沉降，会使得岸墙的沉降大于闸室的沉降，边墙外基土的沉降大于边孔的沉降，这已经成为水闸沉降的常见现象。所以针对地基不均匀沉降的现象要采取三点处理办法：第一，要进行合理的结构布局，设计水闸工程的人员要在基础轮廓的周围和周边地区对沉降进行充分的分析，如果发现地基不均匀沉降超过允许值时，可以通过设置沉降缝来对闸室进行分段处理；第二，为了防止不均匀荷载引起的裂缝，应该事先规划出减轻荷载的有效措施，减小边墙和上游翼墙外的填土高度；第三，如果以上两种措施都无法很好地解决这一沉降问题，则可以对沉降区域中的基础进行加固处理，而具体的加固方法要根据地基类别的不同有所差异。

（二）温度裂缝的防治措施

针对温度裂缝的问题，在结构上进行一定的处理十分必要，结构的设计布局应该同当地的实际情况充分结合在一起，减少底板分块尺寸和闸墩的长度。并且还可以在闸底板和闸墩可能出现裂缝的部分设置预留混凝土后浇带，两侧则增强钢筋的作用，等到混凝土进行有效的收缩以后，在温度较低的情况下回填膨胀性混凝土。另外，UEA膨胀混凝土也能够有效地减少温度裂缝的发生概率。混凝土的配比同裂缝的产生有很大的关系，混凝土采用干缩性小、水化热低的水泥比较有利，适量加入UEA膨胀剂能够提高混凝土的和易性、不透水性和抗裂性。

粉煤灰双掺混凝土也能够有效减少水泥的水化热。所谓粉煤灰双掺混凝土，就是用一级的粉煤灰取代一定量的水泥掺入混凝土中，同时加入一定的高效减水剂，这样能够有效利用到粉煤灰比热低的优势，增强混凝土的密实度。另外，采用一定的温控措施也能够有效减少温度差引起的裂缝，可以使用低发热量的水泥，加入大粒径骨料，这样能够有效提高骨料的级别。加掺合料也是一种比较有效的办法。在施工的季节中，如果是低温的季节则要充分做好相应的防护措施，这样能够防止浇筑的混凝土受到寒流的影响。在温度裂缝出现以后要采取合理的处理措施，将裂缝造成的损失降到最低，在具体的措施实施过程中，要根据裂缝的部分和程度不同进行有针对性的处理，对于闸底板、闸墩、铺盖、护坦等裂缝，一般可以采用化学灌浆的方法解决，对于开张的结构性裂缝可使用柔性的聚合物材料进行填充和封堵。

（三）干缩裂缝的防治

对于干缩裂缝的防治，首先要在混凝土的早期养护工作上进行加强，采取合适的保温保湿措施，对于混凝土的侧面应该使用草袋和塑料布来覆盖，草袋和塑料布一定要安装严密，最好让其保持不透风的状态。同时，想要有效减少混凝土干缩带来的裂缝，可以使用聚丙烯纤维混凝土，这种混凝土坍落的比重较普通的混凝土低30%左右，可以从根本上改变纤维表面的性能，增加混凝土的握裹能力。

在干缩裂缝的处理上可以采用防腐涂料封闭保护措施，这样能够有效阻止有害物质的入侵，提高其耐久性。另外，水闸工程采用TK砂浆也能够对混凝土的表面起到封闭保护的作用，达到理想的效果。

第二节　水闸的检查与养护

水闸是由混凝土、浆砌石及土等材料构成的，与前述混凝土及浆砌石建筑物的维修内容和方法有很多相似之处。

一、水闸的检查

水闸检查是一项细致而重要的工作，对及时准确地掌握工程的安全运行情况和工情、水情的变化规律，防止工程缺陷或隐患，都具有重要作用。

（一）检查周期

检查可分为经常检查、定期检查、特别检查和安全鉴定四类。

1. 经常检查

经常检查是用眼看、耳听、手摸等方法对水闸的闸门、启闭机、机电设备、通信设备，以及管理范围内的河道、堤防和水流形态等进行检查。经常检查应指定专人按岗位职责分工进行。经常检查的周期按规定一般为每月不少于一次，但也应根据工程的不同情况另行规定。重要部位每月可以检查多次，次要部位或不易损坏的部位每月可只检查一次。在宣泄较大流量、出现较高水位及汛期每月可检查多次，在非汛期可减少检查次数。

2. 定期检查

定期检查一般指每年的汛前、汛后、用水期前后、冰冻期（指北方）的检查，每年的定期检查应为4～6次。根据不同地区汛期到来的时间确定检查时间。例如，华北地区可安排3月上旬、5月下旬、7月底、9月底、12月底、用水期前后等6次检查。

3. 特别检查

特别检查是水闸经过特殊运用之后的检查，如特大洪水超标准运用、暴风雨、风暴潮、强烈地震和发生重大工程事故之后。

4. 安全鉴定

安全鉴定应每隔15～20年进行一次，可以在上级主管部门的主持下进行。

（二）检查内容

对水闸工程的重要部位和薄弱部位及易发生问题的部位，要特别注意检查观测。检查的主要内容有以下几项。

第一，水闸闸墙背与干堤连接段有无渗漏迹象。

第二，砌石护坡有无坍塌、松动、隆起、底部掏空，砌石挡土墙有无倾斜、位移（水平或垂直）、勾缝脱落等现象。

第三，混凝土建筑物有无裂缝、腐蚀、磨损、剥蚀露筋，伸缩缝止水有无损坏、漏水，门槛的预埋件有无损坏。

第四，闸门有无表面涂层剥落、门体变形、锈蚀、焊缝开裂或螺栓和铆钉松动，支承行走机构是否运转灵活，止水装置是否完好，等等。

第五，启闭机械是否运转灵活、制动准确，有无腐蚀和异常声响；钢丝绳有无断丝、磨损、锈蚀、接头不牢、变形；零部件有无缺损、裂纹、磨损及螺杆有无弯曲变形；油压机油路是否通畅，油量、油质是否合乎规定要求，调控装置及指示仪表是否正常，油泵、油管系统有否漏油。

第六，机电及防雷设备、线路是否正常，接头是否牢固，安全保护装置动作是否准确可靠，指示仪表指示是否正确，备用电源是否完好可靠，照明、通信系统是否完好。

第七，进、出闸水流是否平顺，有无折冲水流或波状水跃等不良流态。

二、水闸的养护

水闸养护包括建筑物结构部分的养护、闸门的养护及启闭机的养护。下面主要介绍建筑物结构部分的养护。

（一）建筑物土工部分的养护

对于土工建筑物的雨淋沟、浪窝、塌陷及水流冲刷部分，应立即进行检修。当土工建筑物发生渗漏、管涌时，一般采用上游堵截渗漏，下游反滤导渗的方法进行及时处理。当发现土工建筑物发生裂缝、滑坡时，应立即分析原因，根据情况可采用开挖回填或灌浆方法处理，但滑坡裂缝不宜采用灌浆方法处理。对于隐患，如蚁穴兽洞、深层裂缝等，应采用灌浆或开挖回填处理。

（二）砌石设施的养护

对于干砌块石护坡、护底和挡土墙，如有塌陷、隆起、错动时，要及时整修，必要时应予以更换或灌浆处理。

对于浆砌块石结构，如有塌陷、隆起，应重新翻修，无垫层或垫层失效的均应补设或整修。遇有勾缝脱落或开裂，应冲洗干净后重新勾缝。浆砌石岸墙、挡土墙有倾覆或滑动迹象时，可采取降低墙后填土高度或增加拉撑等办法予以处理。

（三）混凝土及钢筋混凝土设施的养护

混凝土的表面应保持清洁完好，对苔藓等附着生物应定期清除。对混凝土表面出现的剥落或机械损坏问题，可根据缺陷情况采用相应的砂浆或混凝土进行修补。

水闸上下游，特别是底板、闸门槽、消力池内的砂石，应定期清理打捞，以防止产生严重磨损。

伸缩缝填料如有流失，应及时填充，止水片损坏时，应凿槽修补或采取其他有效措施修复。

（四）其他设施的养护

禁止在交通桥上和翼墙侧堆放砂石料等重物，禁止各种船只停靠在泄水孔附近，禁止在附近爆破。

三、水闸的操作运用

不同类型的水闸有不同的特点及作用。现将水闸一般操作及运用技术要求简要叙述如下。

（一）闸门启用前的准备工作

1. 严格执行启闭制度

第一，管理机构对闸门的启闭，应严格按照控制运用计划及负责指挥运用的上级主管部门的指示执行。对于上级主管部门的指示，管理机构应详细记录，并由技术负责人确定闸门的运用方式和启闭次序，按规定程序下达执行。

第二，操作人员接到启闭闸门的任务后，应迅速做好各项准备工作。

第三，当闸门的开度较大，其泄流或水位变化对上下游有危害或影响时，必须预先通知有关单位，做好准备，以免造成不必要的损失。

2. 认真进行检查工作

第一，闸门的检查。①闸门的开度是否在原定位置；②闸门的周围有无漂浮物卡阻，门体有无歪斜，门槽是否堵塞；③冰冻地区，冬季启闭闸门前还应注意检查闸门的活动部分有无冻结现象。

第二，启闭设备的检查。①启闭闸门的电源或动力有无故障；②电动机是否正常，相序是否正确；③机电安全保护设施、仪表是否完好；④机电转动设备的润滑油是否充足，特别注意高速部位（如变速箱等）的油量是否符合规定要求；⑤牵引设备是否正常（如钢丝绳有无锈蚀、断裂，螺杆等有无弯曲变形，吊点结合是否牢固，液压启闭机的油泵、阀、滤油器是否正常，油箱的油量是否充足，管道、油缸是否漏油）。

第三，其他方面的检查。①上下游有无船只、漂浮物或其他障碍物影响行水等情况；②观测上下游水位、流量、流态。

（二）闸门的操作运用原则

第一，工作闸门可以在动水情况下启闭，船闸的工作闸门应在静水情况下启闭。

第二，检修闸门一般在静水情况下启闭。

（三）闸门的操作运用

1. 工作闸门的操作

工作闸门在操作运用时，应注意以下几个问题。

第一，闸门在不同开启度情况下工作时，要注意闸门、闸身的振动和对下游的冲刷程度。

第二，闸门放水时，必须与下游水位、流量相适应，水跃应发生在消力池内。应根据闸下水位与安全流量关系表和水位-闸门开度-流量关系图表，进行分次开启。

第三，不允许局部开启工作闸门，不得在启、闭中途停留使用。

2. 多孔闸门的运行

第一，多孔闸门若能全部同时启闭，尽量全部同时启闭，若不能全部同时启闭，应由中间孔依次向两边对称开启或由两端向中间依次对称关闭。

第二，对上下双层孔口的闸门，应先开底层后开上层，关闭时顺序相反。

第三，多孔闸门下泄小流量时，只有当水跃能控制在消力池内时，才允许开启部分闸孔。开启部分闸孔时，也应尽量考虑对称。

第四，多孔闸门允许局部开启时，应先确定闸下分次允许增加的流量，然后确定闸门分次启闭的高度。

（四）启闭机的操作

1. 电动及手、电两用卷扬式和螺杆式启闭机的操作

第一，电动启闭机的操作程序，凡有锁定装置的，应先打开锁定装置，后合上电器开关。当闸门运行到预定位置后，及时断开电器开关，装好锁定，切断电源。

第二，人工操作手、电两用启闭机时，应先切断电源，合上离合器，方能操作。使用电动时，应先取下摇柄，拉开离合器后，才能按电动操作程序进行。

2. 液压启闭机操作

第一，打开有关阀门，并将换向阀扳至所需位置。

第二，打开锁定装置，合上电器开关，启动油泵。

第三，逐渐关闭回油控制阀升压，开始运行闸门。

第四，在运行中，若需改变闸门运行方向，应先打开回油控制阀至极限，然后扳动换向。

第五，停机前，应先逐步打开回油阀，当闸门达到上、下极限位置，而压力再升时，应立即将回油控制阀升至极限位置；停机后，应将换向阀扳至停止位

置，关闭所有阀门，锁好锁定，切断电源。

（五）水闸操作运用应注意的事项

第一，在操作过程中，不论是遥控、集中控制还是机旁控制，均应有专人在机旁和控制室进行监护。

第二，启动后应注意启闭机是否按要求的方向动作，电器、油压、机械设备的运用是否良好；开度指示器及各种仪表所示的位置是否准确；用两部启闭机控制一个闸门的是否同步启闭。若发现当启闭力达到要求，而闸门仍固定不动或发生其他异常现象时，应立即停机检查处理，不得强行启闭。

第三，闸门应避免停留在容易发生振动的开度上。如果闸门或启闭机发生不正常的振动声响等，应立即停机检查。消除不正常现象后，再行启闭。

第四，使用卷扬式启闭机关闭闸门时，不得在无电的情况下单独松开制动器降落闸门（设有离心装置的除外）。

第五，当开启闸门接近最大开度或关闭闸门接近闸底时，应注意闸门指示器或标志，应停机时要及时停机，以免启闭机械损坏。

第六，在冰冻时期，如果要开启闸门，应将闸门附近的冰破碎或融化后，再开启闸门。在解冻流冰时期泄水时，应将闸门全部提出水面，或控制小开度放水，以避免流冰撞击闸门。

第七，闸门启闭完毕后，应校核闸门的开度。水闸的操作是一项业务性较强的工作，要求操作人员必须熟悉业务、思想集中，操作过程中，必须坚守工作岗位，严格按操作规程办事，以避免各种事故的发生。

四、闸门的养护修理

（一）钢闸门的防腐处理

钢闸门常在水中或干湿交替的环境中工作，极易发生腐蚀，加速其破坏，引起事故。为了延长钢闸门的使用年限，保证安全运用，必须经常地予以保护。

钢铁的腐蚀一般分为化学腐蚀和电化学腐蚀两类。钢铁与氧气或非电解质溶液作用而发生的腐蚀，称为化学腐蚀；钢铁与水或电解质溶液接触形成微小腐蚀电池而引起的腐蚀，称为电化学腐蚀。钢闸门的腐蚀多属电化学腐蚀。

钢闸门防腐蚀措施主要有两种：一种是在钢闸门表面涂上覆盖层，借以把钢材母体与氧或电解质隔离，以免产生化学腐蚀或电化学腐蚀；另一种是设法供给适当的保护电能，使钢结构表面积聚足够的电子，成为一个整体阴极而得到保护，即电化学保护。

钢闸门不管采用哪种防腐措施，在具体实施过程中，首先都必须进行表面的处理。表面处理就是清除钢闸门表面的氧化皮、铁锈、焊渣、油污、旧漆及其他污物。经过处理的钢闸门要求表面无油脂、无污物、无灰尘、无锈蚀、干燥、无失效的旧漆等。目前，钢闸门表面处理方法有人工处理、火焰处理、化学处理和喷砂处理。

人工处理就是靠人工铲除锈和旧漆，此法工艺简单，无须大型设备，但劳动强度大，工效低，质量较差。

火焰处理就是对旧漆和油脂有机物，借燃烧使之碳化而清除。对氧化皮的处理是利用加热后金属母体与氧化皮及铁锈间的热膨胀系数不同而使氧化皮崩裂、铁锈脱落。处理用的燃料一般为氧乙炔焰。此种方法设备简单，清理费用较低，质量比人工处理好。

化学处理是利用碱液或有机溶剂与旧漆层发生反应来除漆，利用无机酸与钢铁的锈蚀产物进行化学反应清理铁锈。除旧漆可利用纯碱石灰溶液（纯碱：生石灰：水=1.0：1.5：1.0）或其他有机脱漆剂。除锈可用无机酸与填加料配制的除锈药膏。化学处理劳动强度低，工效较高，质量较好。

喷砂处理方法较多，常见的干喷砂除锈除漆法是用压缩空气驱动砂粒，通过专用的喷嘴以较高的速度冲到金属表面，依靠砂粒的冲击和摩擦以除锈、除漆。此种方法工效高、质量好，但工艺较复杂，需专用设备。

1. 涂料保护

过去的涂料均以植物油和天然漆为基本原料制成，故称为"油漆"。目前已大部分或全部为人工合成树脂和有机溶剂所代替，故称为"涂料"较为恰当，但习惯上仍称为油漆。

涂料可分为底漆和面漆两种，二者相辅相成。底漆主要起防锈作用，应有良好的附着力，漆膜封闭性强，使水和氧气不易渗入。面漆主要是保护底漆，并有一定的装饰作用，应具有良好的耐蚀、耐水、耐油、耐污等性能。同时还应考虑涂料与被覆材料的适应性，注意产品的配套性，包括涂料与被覆材料表面配套、涂料层间配套、涂料与施工方法配套、涂料与辅助材料（稀释剂、固化剂、催干剂等）配套。总之，必须根据实际情况，选择适宜的涂料。

只有提高施工质量，才能保证防腐效果，如有些钢闸门由于涂料选择不当，经防腐处理后，有效保护期仅为1～2年，就需重新处理。

涂料保护一般施工方法有刷涂和喷涂两种。刷涂是用漆刷将油漆涂到钢闸门表面，此种方法工具设备简单，适宜于构造复杂、位置狭小的工作面；喷涂是利用压缩空气将漆料通过喷嘴喷成雾状而覆盖于金属表面上，形成保护层。喷涂工艺优点是工效高、喷漆均匀、施工方便，特别适合大面积施工。喷涂施工需具备喷枪、储漆罐、空压机、滤清器、皮管等设备。

涂料一般应涂刷3～4遍，涂料保护的时间一般为10～15年。

2．喷镀保护

喷镀保护是在钢闸门上喷镀一层锌、铝等活泼金属，使钢铁与外界隔离从而得到保护。同时，还起到牺牲阳极（锌、铝）、保护阴极（钢闸门）的作用。喷镀有电喷镀和气喷镀两种。水工上常采用气喷镀。

气喷镀所需设备主要有压缩空气系统、乙炔系统、喷射系统等。常用的金属材料有锌丝和铝丝。一般采用锌丝。

气喷镀的工作原理是金属丝经过喷枪传动装置以适宜的速度通过喷嘴，由乙炔系统热熔后，借压缩空气的作用，把雾化成半熔融状态的微粒喷射到部件表面，形成一层金属保护层。

3．外加电流阴极保护与涂料保护相结合

将钢闸门与另一辅助电极（如废旧钢铁等）作为电解池的两个极，以辅助电极为阳极、钢闸门为阴极，在两者之间接上一个直流电源，通过水形成回路。在电流作用下，阳极的辅助材料发生氧化反应而被消耗，阴极发生还原反应得到保护。当系统通电后，阴极表面就开始得到电源送来的电子，其中除一部分被水中还原物质吸收外，大部分将积聚在阴极表面上，使阴极表面电位越来越负。电位越负，保护效率就越高，钢闸门在水中的表面电位达到−850 mV时，钢闸门基本能不锈，这个电位值被称为最小护电位。在钢闸门上采用外加电流阴极保护时，需消耗大量保护电流。为了节约用电，可采用与涂料一并使用的联合保护措施。

（二）钢丝网水泥闸门的防腐处理

钢丝网水泥是一种新型水工结构材料，它由若干层重叠的钢丝网浇筑高强度等级水泥砂浆制成。它具有质量轻、造价低、便于预制、弹性好、强度高、抗震性能好等优点。完好无损的钢丝网水泥结构，其钢丝网与钢筋被氢氧化钙等碱性物质包围着，钢丝与钢筋在氢氧化钙碱性作用下生成氢氧化铁保护膜保护网、筋，防止了网、筋的锈蚀。因此，钢丝网水泥闸门必须使砂浆保护层完整无损。要达到这个要求，一般采用涂料保护。

钢丝网水泥闸门在涂防腐涂料前也必须进行表面处理，一般可采用酸洗处理，使砂浆表面洁净、干燥、轻度毛糙。

常用的防腐涂料有环氧材料、聚苯乙烯、氯丁橡胶沥青漆及生漆等。为保证涂抹质量，一般需涂2～3层。

（三）木闸门的防腐处理

在水利工程中，一些中小型闸门常用木闸门，木闸门在阴暗潮湿或干湿交替的环境中工作，易于霉烂和虫蛀，因此也需进行防腐处理。

木闸门常用的防腐剂有氟化钠、硼铬合剂、硼酚合剂、铜铬合剂等。其作用在于毒杀微生物与菌类，从而达到防止木材腐蚀的目的。施工方法有涂刷法、浸泡法、热浸法等。处理前应将木材烤干，使防腐剂容易吸附和渗入木材体内。

木闸门通过防腐剂处理后，为了彻底封闭木材空隙，隔绝木材与外界的接触，常在木闸门表面涂上油性调和漆、生桐油、沥青等，以杜绝腐蚀的发生。

五、启闭设备的养护修理

（一）启闭机类型

启闭机按传动方式分机械式启闭机与液压式启闭机两类，机械式启闭机按工作方式又分固定式启闭机和移动式启闭机两类。固定式启闭机又分卷扬式启闭机、螺杆式启闭机及其他类启闭机三种。卷扬式启闭机在水闸工程中运用非常广泛，也起着重要的作用，对其认真检查维护显得尤为重要。卷扬式启闭机的基本构成主要包括动力部分、传动部分、制动部分、悬吊装置和附属设备。

（二）启闭机的检查

启闭机的检查针对检查项目和目的的不同，分为经常检查和定期检查两种方式。

1. 经常检查

经常检查主要指对驱动部分、变速部分、启吊部分等进行的检查。

第一，驱动部分的经常检查主要是对电动机、动力线路、控制线路、制动器、主令控制器、限位开关等进行检查。通过眼观、耳听、鼻嗅等直观的方法对设备的状况进行检查。眼观停车时制动器动作是否准确（刹车片如果过松，裹力不足，闸门会下滑），限位开关与闸门停止的位置是否对应，闸门开度与主令控制器的指示是否一致；耳听有无异常声响；鼻嗅有无电器异常焦煳味（如刹车片过紧，摩擦发热）。

第二，变速部分的经常检查主要是油位的检查。检查减速箱是否漏油，以及各轴承间润滑脂的质量与数量。

第三，启吊部分主要检查卷筒、开式齿轮、钢丝绳、绳套、吊耳、吊座、定滑轮、动滑轮等，这部分重点检查钢丝绳两头紧固情况，油脂保养情况及闸门启吊时动、定滑轮是否灵活，等等。

2. 定期检查

第一，定期对减速箱进行解体、放油沉淀、清除杂物和水分，测量各级传动轴与轴承之间的间隙，用塞尺检查齿轮侧向间隙是否符合规定，各级传动轴的油封是否完好无损。

第二，定期检查吊点连接设备，着重检查钢丝绳与启闭机及闸门的连接是否牢固，重点是水下部分的吊耳检查。钢丝绳与启闭机绳鼓的连接一般用压板及螺栓固定，检查时应注意螺栓是否拧紧，压板下面的钢丝绳有无松动脱落迹象。

第三，全面检查钢丝绳时，主要检查钢丝绳表面有无锈蚀、磨损、断丝等问题。当一个节距长度内断裂的钢丝根数超过规定的标准数值时，就应更换钢丝绳。电气设备等的检查应检查电动机对地绝缘和相间绝缘是否符合规定值，制动器闸瓦有无过度磨损，退程间隙是否符合规定值，这些可以用工器具直接测量或眼观估测。其他操作设备如空气开关、限位开关、接触器、按钮等都应检查，其线路要紧固，触点要良好。

（三）启闭机的养护

为使启闭机处于良好的工作状态，需对启闭机的各个工作部分采取一定的作业方式进行经常性的养护。启闭机的养护作业可以归纳为清理、紧固、调整、润滑四项。

1．清理

清理即针对启闭机的内外部和周围环境的脏、乱、差所采取的最简单、最基本却很重要的保养措施，保持启闭机周围整洁。

2．紧固

紧固即将连接松动的部件进行紧固。

3．调整

调整即对各种部件间隙、行程、松紧及工作参数等进行调整。

4．润滑

润滑即对具有相对运动的零部件进行擦油、上油。

第三节　水闸的病害处理

对水闸损坏的修理，首先应找出损坏产生的原因，采取措施改变引起损坏的条件，然后对损坏部位进行修复。

一、水闸的裂缝与修理

（一）闸底板和胸墙的裂缝与修理

闸底板和胸墙的刚度比较小，适应地基变形的能力较差。因此，地基不均匀沉陷、混凝土强度不足、温差过大或施工质量差等因素容易引起底板和胸墙裂缝。

由于地基不均匀沉陷产生的裂缝，在裂缝修补前，首先应采取稳定地基的措施。稳定地基的一种方法是卸载，如将墙后填土的边墩改为空箱结构或拆除增设的交通桥等，此法适用于有条件进行卸载的水闸。另一种方法是加固地基，常用的方法是对地基进行补强灌浆，提高地基的承载能力。对于因混凝土强度不足或因施工质量差而产生的裂缝，主要应对结构进行补强处理。

（二）翼墙和浆砌块石护坡的裂缝与修理

地基不均匀沉陷和墙后排水设备失效是造成翼墙裂缝的两个主要原因。因地基不均匀沉陷而产生的裂缝，首先应通过减荷稳定地基，然后再对裂缝进行修补处理；因墙后排水设备失效而产生的裂缝，应先修复排水设施，再修补裂缝。浆砌块石护坡裂缝常常是由于填土不实，严重时应进行翻修。

（三）护坦的裂缝与修理

护坦的裂缝产生的原因有地基不均匀沉陷、温度应力过大和底部排水失效等。因地基不均匀沉陷产生的裂缝，可待地基稳定后，在缝上设止水，将裂缝改为沉陷缝；温度裂缝可采取补强措施进行修补；底部排水失效，应先修复排水设备。

（四）钢筋混凝土的顺筋裂缝与修理

钢筋混凝土的顺筋裂缝是沿海地区挡潮闸普遍存在的一种病害现象。裂缝的发展可使混凝土脱落、钢筋锈蚀，使结构强度过早地丧失。顺筋裂缝产生的原因是海水渗入混凝土后，降低了混凝土碱度，使钢筋表面的氧化膜遭到破坏，结果导致海水直接接触钢筋而产生电化学反应，使钢筋锈蚀。锈蚀引起的体积膨胀致使混凝土顺筋开裂。

顺筋裂缝的修补，其施工过程首先是沿缝凿除保护层，再将钢筋周围的混凝土凿除2 cm，其次是对钢筋彻底除锈并清洗干净，最后是在钢筋表面涂上一层环氧基液，在混凝土修补面上涂一层环氧胶，再填筑修补材料。

顺筋裂缝的修补材料应具有抗硫酸盐、抗碳化、抗渗、抗冲、强度高、黏聚力大等特性。目前常用的有铁铝酸盐早强水泥砂浆及混凝土、抗硫酸盐水泥砂浆及细石混凝土、聚合物水泥砂浆及混凝土和树脂砂浆及混凝土等。

（五）闸墩及工作桥的裂缝与修理

我国早期建成的许多闸墩及工作桥，发现许多细小裂缝，严重老化剥离，其主要原因是混凝土的碳化。混凝土的碳化是指空气中的二氧化碳与水泥中的氢氧化钙作用生成碳酸钙和水，使混凝土的碱度降低，钢筋表面的氢氧化钙保护膜破坏面开始生锈，混凝土膨胀形成裂缝。

此种病害应对锈蚀钢筋除锈，锈蚀面积大的加设新筋，采用预缩砂浆并掺入阻锈剂进行加固。混凝土的碳化不仅在水闸中存在，而且在其他类型混凝土中同样存在。碳化的原因是多方面的，提高混凝土抗碳化能力的措施，尚待不断完善。

二、水闸渗漏的处理

（一）水闸渗漏成因

渗漏是水闸破坏症状之一。渗漏的途径一般有通过闸室本身构造和闸基向下游渗漏，也有通过闸室与两岸连接处的绕流渗漏。

水闸在运行过程中发生异常渗漏的原因很复杂，如因勘察工作深度不够、基础本身存在严重隐患、设计考虑不周、运行管理不当、长时间超负荷运行及地震等产生裂缝，止水撕裂，上游防渗体（如防渗铺盖、两岸防渗齿墙等）遭受冲刷和出现裂缝，下游的排水设施失效，等等。

异常渗漏产生的破坏性是很大的。一方面，增大闸底板的扬压力，减小闸室的有效重量，对闸室的稳定不利；另一方面，缩短渗径，增加逸出坡降和流速，猝发渗透变形和集中冲刷。

按照渗漏部位可分为结构本身的渗漏、基础渗漏、侧向渗漏。

（二）水闸渗漏处理

1. 结构本身的渗漏处理

结构本身的渗漏处理主要是对裂缝进行修补，以达到防止渗漏的目的。

2. 基础渗漏处理

（1）正常渗漏与异常渗漏的识别

从排水设施或闸后基础上渗出的水清澈，一般属于正常渗漏；闸下游混凝土与土基的结合部位出现集中渗漏，若渗漏水急剧增加或突然变浑，则是基础发生异常渗漏的征兆。

（2）基础渗漏的修复方法

混凝土铺盖与底板之间沉陷缝中的止水，因受到闸室的不均匀沉陷而破坏断裂时，造成渗径缩短，底板上的扬压力增大，逸出比降和流速加大，必须进行修复。其措施是重新补做止水设施。

下游护坦底部的排水设施由于运行时间过长而淤积、堵塞，对闸室的安全不利，必须修复。其方法有以下几种：①拆除护坦底部的反滤层，重新修复；②在护坦下游的海漫段加做反滤排水设施；③可适当加长上游的防渗铺盖。

当闸基板桩被破坏，无法满足防渗要求时，可在下游加做排水设施，或者在上游适当延长防渗铺盖，同时对闸基可采用泥浆或水泥浆的灌浆处理。

对于在汛期已发生闸基渗透变形的水闸，只要水闸底板与上部结构还能满足使用要求，便可对闸基进行加固，其主要方法是在闸底板上钻孔，对基础做灌浆处理。

3. 侧向渗漏处理

水闸的侧向渗漏，应根据两岸的地质情况，摸清渗漏成因，采取相应措施进行处理。具体做法有开挖回填、加深和加长防渗齿墙、灌浆处理。如由绕渗引起闸墙背后填土被冲走，而建筑物本身完好，则按所连接的堤坝要求，分层填土夯实。回填土应根据渗径要求，采用黏性土或黏壤土，不能使用砂或细砂土回填。

三、水闸冲刷的处理

水闸下游发生冲刷破坏极为普遍，有的护坦、海漫受到破坏，特别是两岸边坡冲刷更为严重，甚至导致建筑物损毁。冲刷破坏往往又被人们所忽视，因此必须查明原因，针对不同情况，采取有效措施防止水闸下游发生冲刷破坏。

（一）水闸上下游冲刷的成因

1. 闸室底板、护坦和消能工的冲刷与磨损

闸室底板、护坦和消能工的冲刷与磨损的主要原因是过闸水流流速过大及出闸水流不能均匀扩散产生波状水跃。其结果是底板和护坦混凝土严重剥落，钢筋外露，消力坎和消能工被冲毁，排水孔被堵塞。最终导致消能设施破坏和排水失

效，危及闸室和护坦的稳定。

2．下游翼墙的冲刷

下游翼墙的冲刷的主要原因是过闸水流扩散角太大、过渡段太短而引起折冲水流及回流区的水流压迫主流。结果是混凝土翼墙表面剥蚀，浆砌石翼墙的水泥砂浆勾缝脱落，块石被冲翻。破坏的部位大多在下游翼墙与下游护坡交接处。

3．海漫及防冲槽的冲刷

海漫及防冲槽的冲刷的主要原因是闸后水流产生波状水跃和流出消力池的单宽流量太大。结果是浆砌石海漫的水泥砂浆勾缝剥落，块石被冲走，砌石段的整个块石被冲走、掀底。调查资料表明，干砌石海漫和防冲槽冲刷极为严重，绝大多数无法正常运行。

（二）水闸上下游冲刷的处理

1．上游防冲槽、护底，以及下游海漫、防冲槽冲刷的修复

这一类设施主要是起保护河床免受冲刷的作用，一旦自身被破坏，只要将其被破坏的部位拆除，重新按原设计进行修复即可。

2．闸室段底板冲刷的修复

先将冲刷的部位凿毛，清洗破损面并保湿，如果板内受力筋被冲断，则要按钢筋搭接要求重新搭接钢筋，并将原钢筋头锯平，最后浇筑二期混凝土抹面。

应当注意的是，二期混凝土的强度应比原设计的混凝土强度高一级，施工时，创面不允许流水。

3．消能设施冲刷和磨损的修复

消能设施是水闸中冲刷最为严重的部位，如护坦的冲刷、消能工的冲毁等。护坦冲刷和磨损的修复方法与底板相同。消能工的冲毁，首先应复核设计尺寸是否满足要求，如满足要求，则只要按原设计尺寸重新修复即可。但在运行管理过程中，要改善过闸水流的条件，如不满足要求，则应按校核后的尺寸进行修复。在修复过程中，一定要保持护坦的整体性，防止一期混凝土与二期混凝土之间开裂，并做好二期混凝土的养护工作。

4．下游翼墙、护坡冲刷的修复

下游翼墙原是混凝土材料的，冲刷后可按混凝土修补方法进行修复。若是浆砌石材料，冲毁后可更换为混凝土材料。但修复时一定要注意翼墙的扩散角不超

过10°，过渡段长度按设计规范要求进行设计施工。下游护坡的修复是将已冲毁的部位清除干净，堤坡用土料回填夯实，再用混凝土或浆砌石进行护坡衬砌。

5. 土工织物防冲刷的应用

土工织物质量轻、强度高、耐磨、柔性强、价廉、施工简便，与土体相互作用，有滤土排水或止水作用、紧贴地面、吸收水流冲击能等优点，故可有效地用于防冲和防渗。

土工织物可以制成软体排覆盖于坡面或河底防冲刷。软体排分为单片排和双片排。

单片排由编织型土工织物制成，一般长25～50 m、宽10～25 m。排体四边缝制14 mm的绳，在宽度方向每隔0.4～0.6 m缝制一套筒，并穿6 mm尼龙绳以便锚固排体。单片排体主要用于小型工程、水流不急的部位。

双片排由双片土工织物重叠在一起，按一定间距和形式缝制成长管状或格状的空室，填以透水材料，作为排体铺设时的压重。双片排可用于重要工程和流速大的部位。

四、消能防冲设施的破坏及处理

（一）护坦和海漫的冲刷破坏及处理

护坦和海漫常因单宽流量大而发生冲刷破坏。对护坦抗冲能力差而引起的冲刷破坏，可进行局部补强处理，必要时可增设一层钢筋混凝土防护层，以提高护坦的抗冲能力。为防止海漫破坏引起护坦基础被掏空，可在护坦末端增设一道钢筋混凝土防冲齿墙。

对于岩基水闸，护坦末端设置鼻坎，将水流挑向远处河床，以保证护坦的安全。

对于软基水闸，在护坦的末端设置尾槛可减小出池水流的底部流速，减轻水流对海漫的冲刷，降低海漫出口高程，增大过水断面，保护海漫基础不被掏空及减少水流对海漫的冲刷。

近年来，土工织物作为防冲保护和排水反滤的一种新型材料，已在闸坝等水利工程中得到了越来越广泛的应用。它具有抗拉强度高，整体连续性好；质量轻、抗腐、不霉变、储运方便；质地柔软，可用于排水、防冲、加筋土体；施工简便、速度快、施工质量容易控制；工程抗老化、造价低等诸多优越性。土工织物是高分子材料经聚合加工而成的，目前应用较多的有涤纶、锦纶、丙纶等。由于合成类型、制造方法不同，织物在力学和水力性质方面有很大的差异。根据制造方法，目前土工织物可分为纺织型和非纺织型两种。

在选择土工织物时，需要了解下列特性。

第一，物理特性。物理特性包括聚合物的种类，材料类型及结构，单位面积的质量，不同压力下的厚度、密度、压缩性，等等。

第二，力学特性。力学特性包括抗拉强度、撕裂强度、不同材料间摩擦系数等。

第三，水力学特性。水力学特性包括渗透系数、织物的孔径、平面渗透能力等。

第四，耐久性。耐久性包括抗老化、磨损、生物分解、化学侵蚀、温度变化的能力等。

（二）下游河道及岸坡的破坏及修理

引起水闸下游河道及岸坡的冲刷原因较多。当下游水深不够，水跃不能发生在消力池内时，会引起河床的冲刷；上游河道的流态不良使过闸水流的主流偏向一边，引起岸坡冲刷；水闸下游翼墙扩散角设计不当产生折冲水流也容易引起河道及岸坡的冲刷。

河床的冲刷破坏的处理可采用与海漫冲刷破坏大致相同的处理方法。河岸冲刷的处理方法应根据冲刷产生的原因来确定，可在过闸水流的主流偏向的一边修导水墙或丁坝，亦可通过改善翼墙扩散角及加强运用管理等方式来处理河岸冲刷问题。

近年来土工织物在护岸工程中也得到了较多应用。松花江哈尔滨老头湾河段，因修建江桥，江堤迎流顶冲，低水位以下护底柴排屡遭破坏，年年维修加固。采用 DS–45 型土工织物作为排体，沉放了 1600 m 长的软体排。排体下面用 φ8 mm 的钢筋网作为支抵，将排体用尼龙绳固定在钢筋网上，排体上面用块石压重。排体具有一定柔软性，能适应水下地形变化而使护岸排体紧贴堤坡岸脚，因而形成了一层良好的保护层。工程完工后，经过多次洪水考验，堤岸完好无损。

挡潮闸下游河道及出海口岸的岸坡护坡的施工受到潮汛一天两次涨落的影响，潮汛来时流速往往较大，给护坡加固施工带来很大困难。近年来，土工织物模袋混凝土作为一种新的护坡技术，在沿海地区已得到较多的应用。它可以直接在水下施工，无须修筑围堰及施工排水；模袋混凝土灌注结束，就能经受较大流速的冲刷。机织模袋是用透水不透浆的高强度锦纶纤维织成，织物厚度大，强度高。流动混凝土或水泥砂浆依靠压力在模袋内充胀成形，固化后形成高强度抗侵蚀的护坡。土壤和模袋之间不需另设反滤层。

五、汽蚀及磨损的处理

水闸产生汽蚀的部位一般在闸门周围、消力坎、翼墙突变等部位，这些部位往往由于水流脱离边界产生过低负压区而产生汽蚀。对汽蚀的处理可采取改善边界轮廓、对低压区透气、修补破坏部位等措施。

多推移质河流上的水闸，磨损现象也较普遍。对由设计不周引起的闸底板、护坦的磨损，可通过改善结构布置来减免。对难以改变磨损条件的部位，可采用抗蚀性能好的材料进行护面修补。

六、砂土地基管涌、流土的处理

砂土地基上的水闸，地基发生的管涌、流土会造成消能工的沉陷破坏。这种破坏产生的主要原因是渗径长度不足或下游反滤失效。因此，对沉陷破坏应先采取措施防止地基发生管涌与流土，然后再对破坏部位进行修复。防止地基发生管涌与流土的措施有加长或加厚上游黏土铺盖、加深或增设截水墙、下游设置透水滤层等。

第四节　橡胶坝的养护及修理

橡胶坝采用高强度复合纤维织物作为支撑结构，内外部分别添加橡胶材料作为保护层，并采用锚固技术将其固定于混凝土底板上的封闭式坝袋，通过充排水（气）系统将其充胀形成挡水坝。

一、橡胶坝的概述

橡胶坝是一种轻型薄壳柔体水工建筑物，作为一种低水头的挡水建筑物，由于结构简单、施工方便和造价低廉，在国内外的工程上应用十分普遍。近几年，由于干旱少雨，水资源短缺，各地为了充分开发利用有限的水资源，改善城市自然环境、城市供水、农业灌溉等，修建了一大批橡胶坝。根据近30年有关资料统计，我国已建成500多座橡胶坝，运行良好，效益显著，是值得大力推广的一种低水头挡水建筑物。因此，一些中小型蓄水工程都采用橡胶坝作为首选坝型。随着经济的发展、城市化进程的加快、人民生活水平的改善，人们对生活环境要求日益提高，更讲究生活质量，对生存、生态环境有了更高的追求，对城市水利建设也有了更高的要求。因此，结构简单、施工方便和造价低廉的橡胶坝将在城市美化、生态环境改善、节资节能等方面发挥越来越重要的作用。

二、橡胶坝组成

橡胶坝工程主要包括坝袋、底板、上游铺盖、下游消能防冲和充排系统。其中，底板、隔墩、岸墙、泵房、铺盖、消力池及护坡等土建部分的抗滑稳定及结构设计与一般水闸基本相同。橡胶坝坝袋形状、结构强度、锚固方式及充排系统设计需按《橡胶坝技术规范》（SL 227—1998）、《橡胶坝工程技术规范》（GB/T 50979—2014）、《橡胶坝坝袋》（SL 554—2011）的规定专门设计。橡胶坝坝袋主要以纤维织物（多采用锦纶和维纶帆布）为受力骨架，以合成橡胶（多采用氯丁橡胶）为保护层黏合制成。橡胶坝坝袋锚固在基础底座上，通过泵房向坝袋内充水或充气，形成相对稳定的类似于坝体的挡水膨胀体。按橡胶坝的充胀介质、锚固线布置形式和坝袋叠放层次划分，橡胶坝有多种类型。按充胀介质划分，有充水式橡胶坝、充气式橡胶坝、充水充气组合式橡胶坝，相对而言，充水式橡胶坝较为常用；按锚固线布置形式划分，有单锚固线橡胶坝和双锚固线橡胶坝；按坝袋叠放层次划分，有单袋式橡胶坝和多袋式橡胶坝。另外，还有采用橡胶材料制成的帆式橡胶坝（橡胶片闸）和采用钢结构与橡胶布结合制成的混合式橡胶坝（如气动盾形橡胶坝、挑坎橡胶坝等）。

三、橡胶坝的安全运行

（一）橡胶坝日常运行基本操作

在橡胶坝水利工程实际运行过程中，需要严格监控河道水情及区域雨情，并需要与当地水利部门、气象部门等相关机构密切沟通和合作，根据坝址区实际情况和上级指示对橡胶坝执行充、排水操作，从而科学控制河道水位和流量，有效保障橡胶坝水利枢纽设计工程效益。

1. 坝袋充水

坝袋充水前，需要对上游地区进行巡视检查，确保水位抬升不会对上游造成损害；清除坝袋上的杂物，尤其是有锋利边缘的物体需要彻底清除，防止坝袋在充水过程中发生损伤；检查坝袋定位是否正常，并检查控制室内部电机、水泵、充放水管路、阀门工作是否正常；关闭坝袋顶部排气阀及底部排水阀，打开注水泵向坝袋内注水；坝袋充水操作一般不能一次性完成，需要分多次进行，两次充水间隔时间不少于30 min，并且充水过程中，需要专人在坝袋附近进行观测，防止出现安全事故；待坝袋充至约一半坝高以上时，打开排气孔将坝袋内多余气体排出，气体排尽后，关闭排气孔；当坝袋充水到规定高程时，先快速关闭坝袋与水泵之间的阀门，防止倒灌，同时关闭水泵。

2. 坝袋排水

坝袋排水前，需要对下游地区进行巡视检查，确保塌坝放水不会对下游造成损害；清理坝袋与底板之间的垃圾，确保坝袋附近没有锋利物体，防止坝袋在塌落中损坏；打开坝袋与排水泵之间的阀门，并启动排水泵进行排水，当橡胶坝降低至指定高度时，关闭排水泵及排水泵与坝袋之间的阀门。注意不要长时间高压高水位运行，当坝袋长期超高压运行时，其老化速度将加快，并对工程安全运行造成巨大安全隐患。

（二）建立健全管理制度

第一，橡胶坝的工程管理队伍应该建立健全整体的监督检查机制，在建设新大坝之前，一定要全面了解现场的施工环境，完善设计流程及设计结构，对于橡胶坝施工人员要进行考核，科学合理地组织橡胶坝施工作业。

第二，对于橡胶坝的施工材料需要制定严格的监督管理机制，如果在施工过程中发现橡胶坝有漏洞或者划伤的现象，一定要在第一时间指出问题，并且制定措施进行解决。对于橡胶坝的重要结构坝袋，要制定严格的质量检验监督体制，保证整个坝袋的完整性。在施工过程中还需要检测橡胶坝是否有漏水的现象，建立健全监督体系，这样才能够保证质量监督工作落到实处。

第三，在进行橡胶坝的工程管理时，需要严格做到以下几点：①由于橡胶坝大部分为橡胶，容易发生火灾，在坝上进行作业时，要禁止烟火；②施工人员在坝上进行作业时，脚下要穿软底鞋，这样可以有效防止鞋底对坝体的损伤；③非施工人员严禁进入橡胶坝，同时为了保证橡胶坝整体的安全，在管理的范围内，严禁在河道进行排污或采砂作业；④在橡胶坝管理的500 m范围内，禁止有采石或者爆破作业；⑤禁止在橡胶坝管理的范围内进行游泳或钓鱼等活动。

（三）加强监督

对于现场监督的工作，管理人员首先要对坝袋进行观测，查看是否有老化变形的现象，同时要注意在下游进行泄洪时河道中的污染物及卵石是否对坝袋造成损伤。另外，需要观测坝袋内气体的气压变化情况，查看排水泵站的管道传感器及压力表是否在正常范围之内。在洪峰经过橡胶坝之时进行观测，主要在河道上下游安装摄像机，对橡胶坝的沉降进行观测，同时还可以通过设置超声波水位计的方式对河道中的水位流量进行精确的观测。此外，还需要观测基础的扬压，在橡胶坝上下游水闸处设置相应的声压管，这样可以有效对坝基进行观测。

四、橡胶坝的养护与维修

橡胶坝工程的构造和水闸极相似，都是由铺盖、坝底板、消力池、海漫和防冲槽组成，但橡胶坝的独到之处是升降十分灵活，一般配置自备井充水升起，利用自排塌落，运行成本也不高，有相当好的发展前景。橡胶坝在日常的运行中，根据库区和坝顶溢流水深需要，进行坝高调节，有效控制上游水位和下泄流量，使地表水资源得到最佳配置和有效利用。橡胶坝工程在日常的调度运行管理中，每年都会遭受各种不良因素的影响，使工程的破坏现象频发，从而削弱了坝袋的性能，降低了坝袋的有效寿命，以致影响了工程效益的正常发挥。因此，为了保证橡胶坝工程的安全运行，提高管理水平，需要及时发现并善于总结管理中存在的问题，日常做好橡胶的维护、修理及保养工作，把工程隐患降到最低。经常检查和定期检查，防止险情扩大化和带病运行。橡胶坝的日常检查和维护范围为充排设备、土建工程、橡胶坝坝袋等。

（一）充排设备的养护与维修

充排设备包括电机、水泵、空压机、管道、闸阀、低压控制电路等。

第一，坝袋充排设备层一般均位于地面以下，空气湿度较大，管道、阀门等易锈构件应定期进行除锈和涂刷防护层，保证管道畅通，无渗漏现象。严寒或潮湿地区应有防冻、防潮措施。

第二，电机和空压机也会因长期不用、受潮严重而影响到正常使用，应定期开机空转试运行，检查动力设备运转是否正常，以保证大坝能够及时进行升降操作。

第三，低压控制系统的电器部件也应经常进行检查和调试，增加低压线路保护装置，防止变压引起的线路短路和电机烧坏。

第四，及时清理充排水口和安全溢流孔内的淤积物及其他漂浮物，确保安全溢流孔和排气孔畅通，充坝前及时把坝袋内存气排空，确保坝袋达到所需高度。

第五，控制室内各阀门要定期保养，做到定期除锈和打油，保证阀门运转灵活；电气设备需要定期检查线路接头是否牢固，确保安全可靠；检查指示仪表是否指示正确、运转正常。

（二）土建工程的养护与维修

土建工程包括所有的混凝土工程及土石工程，如防渗铺盖、坝底板、防冲槽、海漫等。其中，坝底板厚度应满足充排水（气）管路及锚固结构布置要求。

第一，混凝土建筑物易出现塌方、裂痕、管涌和流失，降低混凝土强度，应加强汛前汛后检查，增加大流量通过时的观测次数，掌握日常管理数据，针对问题查明破坏成因，及时制定修补方案。

第二，伸缩缝的填料如果有缺失和断裂，应及时修补填充，采用重新埋设和灌浆补充的方式，避免渗漏或形成通缝，发生管涌和接触冲刷。

第三，钢筋混凝土的保护层、坝袋塌落区的底板受到损毁或异常破坏时，应根据情况分别采用灌浆、砂浆抹面或喷浆等措施进行修补，防止钢筋锈蚀，降低有效强度，确保坝主体安全运行。

第四，橡胶坝的防冲设施（防冲槽、海漫等）在遭受冲刷破坏的时候一般可以采用加筑消能设施，采用抛石、铅丝笼抛石、打桩或加筋抛石等办法固基处理。

第五，橡胶坝的反滤设施、排水设施等应保持畅通，如有堵塞损坏，应予以疏通修复。

第六，砌石工程如果出现塌方、流失、松动、底部掏空、悬空等现象时，应按照砌石规范，选择较大石块，错缝搭接，恢复原来的形状，满足设计要求。

第七，充水坝的充水水源应水质好、无污染、少泥沙，必要时可建蓄水池沉淀泥沙。

第八，橡胶坝下游的抛石工程，随着逐年的洪水冲刷，会出现缺失现象，需在汛前或汛后进行回填，对冲坑要采用打桩固基，防止坝主体出现整体下切或不均匀沉降。

（三）橡胶坝坝袋的养护与维修

橡胶坝坝袋的使用寿命与不同气候、使用条例、受力状况及坝袋的制造质量和厚度等因素有关。

第一，在坝袋表面涂刷耐老化涂料，是减缓坝袋老化速度的一项防老化措施。

第二，在坝袋充水（气）前，需将下游侧坝袋塌落区底板周围和坝袋上的淤积泥沙清除干净，对有可能刺伤坝袋的漂浮物予以清扫和打捞。

第三，橡胶坝过流时，坝袋有可能会发生拍打、振动等现象，实践中常采用升高或降低坝高的办法来避免此类现象的发生；严禁坝袋超高超压运行，即充水（或气）不得超过设计内压力。

第四，在高温天气时可适当降低坝高，以在坝顶形成短时间的溢流，或者向坝面洒水降温，以期延缓坝袋的老化速度和腐蚀程度。

第五，锚固件的检查，主要观察有无裸露，有无松动和漏水现象，若有异常，及时采取处理措施，或旋紧，或压牢，或密封，或予以更换。

第六，橡胶坝堵头面接触的中墩或边墩混凝土定期涂刷环氧树脂砂浆，保持接触面光滑，可减少坝袋的振动、摆动摩擦力，延长坝袋使用寿命。

第七，对坝袋的划破、刮伤漏水现象，可在带水作业情况下，采用木头裹布填塞、打孔用坝袋布缝补螺栓紧固、皮带扣紧固等紧急抢修措施，大面积的漏水采用塌坝局部冷粘维修或整段更换。

第四章　渠系输水建筑物的养护与修理

第一节　渠系建筑物概述

一、渠系建筑物的类型

渠系建筑物属于渠系配套建筑物，承担灌区或城市供水的输配水任务，按照用途可分为控制建筑物、交叉建筑物、衔接建筑物、泄水建筑物、输水建筑物、量水建筑物等。

第一，控制建筑物用于调控渠道水位和流量，常见的有进水闸、分水闸、节制闸等。

第二，交叉建筑物用于跨越洼地、河沟、峡谷、道路等复杂地形，常用的建筑物有渡槽、倒虹吸管、涵管和桥梁。

第三，衔接建筑物用于衔接渠道水位，避免渠道冲淤和深挖高填，常用的有陡坡和跌水。

第四，泄水建筑物用于排除渠道余水、入渠洪水、渠道或渠系建筑物发生事故时的渠水，常用的有泄水闸、退水闸、溢洪堰、撤洪渠。

第五，输水建筑物是指能形成水流通道，承担输送水流的各类水工建筑物，如隧洞、倒虹吸管、涵管、渠道、渡槽等。

第六，量水建筑物用于量测渠道水位和流量，以此来实现计量用水的目的。实际中可以借助过水建筑测量，也有专设的各种量水堰。

二、渠系建筑物的构成

（一）渠道

渠道是主要的输水建筑物，正常工作时要求渠道断面不冲不淤。灌区固定渠道一般分干渠、支渠、斗渠、农渠四级。干渠、支渠主要起输水作用，称为输水渠道；斗渠、农渠主要起配水作用，称为配水渠道。渠道横断面的形式有梯形、矩形、抛物线形、U形和复式断面等。渠道按照结构形式分为挖方渠道、填方渠道和半挖半填渠道三种类型。

（二）隧洞

隧洞按照洞内水力条件不同分为无压隧洞和有压隧洞。无压隧洞输水时，一般有自由的水表面；有压隧洞输水时，水流完全充满洞体，没有自由的水表面。有压隧洞断面一般采用圆形；无压隧洞一般采用马蹄形或城门洞形。隧洞一般由进口段、洞身段和出口段三部分组成。进口段主要由曲线段、拦污栅、闸室段、渐变段、通气孔和平压管等组成。出口段主要由扩散段和消能设施组成。

（三）渡槽

渡槽是跨越河渠、道路、山谷、洼地的架空输水建筑物，又称过水桥。渡槽一般由槽身、支承结构、基础及进出口建筑物等部分组成。槽身断面形式有U形槽、矩形槽、抛物线形槽等；支承结构有梁式、拱式及桁架式等；槽身有木制槽、砖石槽、钢筋混凝土槽及钢丝网水泥槽等；混凝土渡槽有现浇整体式渡槽、装配式渡槽及预应渡槽等。

（四）倒虹吸管及涵管

倒虹吸管是指渠道穿越山谷、河流、洼地、道路或其他渠道时设置的压力输水管道。倒虹吸管一般由进口段、管身段和出口段三部分组成，管身断面形式有圆形、箱形和城门洞形等。倒虹吸管根据管路埋设情况和高差大小分为竖井式、斜管式、曲线式、桥式四种类型。涵管是指输水管道穿越高地的交叉建筑物，有路下涵管、渠下涵管、堤下涵管、坝下涵管等。根据管内水力条件，涵管分为有压和无压两种。涵管一般由进口段、管身段和出口段三部分组成。

三、渠系建筑物正常工作的基本标志

第一，过水能力符合设计要求，能够迅速、准确地控制运行。

第二，建筑物各个部分始终保持清洁、完整，没有变形和损坏。

第三，护底、护坡和挡土墙均填实，且无危险性渗流。

第四，建筑物及其上下游没有磨损、冲刷、淤积现象。

第五，建筑物上游壅高水位不超过设计水位。

第六，闸门及启闭机工作正常，闸门与门槽无漏水现象。

四、输水建筑物的工作特点

（一）输送水流随机变化大

输水流量、水位和流速常受水源条件、用水情况和渠系建筑物的状态影响，从而发生较大的频繁的变化，灌溉渠道行水与停水受季节和日降雨影响显著，维护管理应与此相适应。

（二）过水断面受冲淤影响会发生变化

应经常检查维护，保证过水断面的完整。

（三）环境多变，受力条件复杂

位于深水或地下的渠系建筑物，除要承受较大的山岩压力（或土压力）、渗透压力外，还要承受巨大的水头压力及高速水流的冲击作用力。在地面的建筑物又要经受温差作用、冻融作用、冻胀作用及各种侵蚀作用，这些作用极易使建筑物受到破坏。

（四）高速水流作用

高速水流作用容易使渠系建筑物产生冲磨和气蚀破坏，水流脉动还会引起振动。

（五）工作条件差异大

在一个工程中，渠系建筑物数量多、分布范围大，所处地形条件和水文地质

条件复杂，受到自然破坏和人为破坏的因素较多，且交通运输不便，维修施工不便，管理难度较大。

第二节　隧洞的养护与修理

输水隧洞是以输水为目的，在岩、土体中通过开挖形成的隧洞，如渠系上的输水洞、枢纽中的发电输水隧洞、泄水隧洞及导流洞等。在节理发育及比较破碎的岩石或土基中开凿输水隧洞，通常要用混凝土、钢筋混凝土等材料进行衬砌，以防止水流冲刷和坍塌。用隧洞输水运行可靠，维修任务小，也比较安全。

一、输水隧洞的检查与养护

输水隧洞的检查，主要看洞壁有无裂缝、变形、位移、渗漏、剥蚀、磨损、气蚀、碳化、止水填充物流失等迹象。此外，检查洞内水流是否存在明满流交替的异常现象。

对附属工程，还应检查动力、照明、交通、通信、避雷设施、安全设施和观测设备等是否完好。另外，还要检查附近地区有无山体坍塌滑坡、地表排水系统有无受阻、泄流状态有无异常或回流淘刷、漂浮物有无撞击或堵塞泄水口，有无人为放牧或乱挖砂石等人为破坏现象。输水隧洞的养护工作包括以下七点。

第一，为防止污物破坏洞口结构和堵塞取水设备，要经常清理隧洞进水口附近的漂浮物，在漂浮物较多的河流上，要在进水口设置拦污栅。

第二，寒冷地区要采取有效措施，避免洞口结构冰冻破坏；隧洞放空后，冬季在出口处应做好保温措施。

第三，运用中尽量避免隧洞内出现不稳定流态，发电输水洞每次充、泄水过程要尽量缓慢，避免猛增突减，以免洞内出现超压、负压或水锤而引起破坏。

第四，发现局部的衬砌裂缝、漏水等，要及时进行封堵，以免扩大。

第五，对放空有困难的隧洞，要加强平时的观测，要观测外部，观测隧洞沿线的内水和外水压力是否正常，如发现有漏水和塌坑征兆，应研究是否放空隧洞来进行检查和修理。

第六，对未衬砌的隧洞，要对由冲刷引起松动的岩块和阻水的岩石及时清除并进行修理。

第七，当发生异常水锤或六级以上地震后，要对隧洞进行全面检查和养护。

二、隧洞的病害与成因

隧洞的病害有裂缝漏水、气蚀、冲磨、混凝土溶蚀、隧洞排气与补气不足、闸门锈蚀变形与启闭设备老化等。

（一）裂缝漏水

裂缝漏水是隧洞最常见的病害。隧洞裂缝是在洞壁衬砌体中发生的各种表面的、深层的或贯通的裂缝，按成因有应力裂缝、温度裂缝、干缩裂缝、结构裂缝、沉降裂缝和施工裂缝等。表面裂缝细小且不规则，贯通裂缝以横向和纵向表现居多，缝宽较大，会成为漏水通道，也会影响洞壁结构。造成这种病害的原因是多方面的，主要有以下几个方面。

1. 围岩体变形作用

对地质断层、软弱风化岩层、地下水、不均匀的岩土地基等没有进行处理或处理不当，不利的地质构造、过大的山岩压力、过高的水压力和地基不均匀沉陷均会引发围岩体变形，从而导致隧洞混凝土或钢筋混凝土衬砌断裂和漏水。

2. 施工质量差

建筑材料质量不佳；混凝土配料不当，振捣不实；衬砌后回填灌浆或固结灌浆时，衬砌周围未能充填密实；伸缩缝、施工缝和分缝处理不好，或者止水失效；等等。

3. 水锤的作用

有些压力隧洞即使设有调压井，由于水锤作用产生的谐振波，也会越过调压井使得洞内产生压力波，导致衬砌断裂和漏水。

4. 温度变化作用

当隧洞停水后，冷风穿洞，温度降低太大时也会引发洞壁表面裂缝甚至断裂。

5．其他因素

材料强度不够；混凝土溶蚀，钢筋锈蚀；管理不善，如洞内明满流交替等。

（二）气蚀

1．气蚀的特征与成因

工程实践证明，明流中平均流速达到15 m/s左右，就可能产生气蚀现象。当高速水流通过隧洞中体形不佳或表面不平整的边界时，水流会把不平整处的空气带走，水流会与边壁分离，造成局部压强降低或负压。当流场中局部压强下降，低于水的汽化压强值时，将会产生空化，形成空泡水流，空泡进入高压区会突然溃灭，对边壁产生巨大的冲击力。这种连续不断的冲击力和吸力造成边壁材料疲劳损伤，引起边壁材料的剥蚀破坏的现象叫作气蚀。

隧洞产生气蚀的主要原因如下。

第一，洞体局部体形不合流线。由于体形不合流线，水流流线与边界分离，产生气蚀。

第二，闸门后洞壁有凸出的棱角，表面不平整。

第三，门槽形状不好和闸门底缘不平顺。当工作水头和流速很大时，水流通过闸门后，脉动加剧，易产生气蚀。

第四，管理运用不当。在放水过程中，闸门开启高度与气蚀的产生有非常密切的关系。实验表明，平板闸门的相对开度在0.1～0.2时，闸门振动剧烈；对弧形闸门，当相对开度为0.3～0.6时，气蚀现象特别强烈。因此，在闸门操作程序中应避免这些开度。另外，闸门开启不当，隧洞内容易出现明满流交替现象，造成门槽及底板的气蚀。试验表明，在明满流交替时，脉动压力振幅为一般情况下的4～6倍。山东黄前水库输水洞在闸门后1 m为一降落陡坎，使闸门遭受周期性冲击，引起振动，并导致陡坎处水流脱壁，造成气蚀破坏。

2．气蚀的部位

气蚀现象一般发生在边界形状突变、水流流线与边界分离的部位。洞壁横断面进出口的变化、闸门槽处的凹陷、闸门的启闭、洞壁的不平整等因素，都会引起过洞水流的脉动，水流与边界分离形成漩涡，产生负压，从而造成气蚀破坏。

对于压力隧洞和涵洞，气蚀常发生在进口上唇处、门槽处、洞顶处、分岔处，出口挑流坎、反弧末端、消力墩周围，以及洞身施工不平整等部位。

（三）冲磨

含沙水流经过隧洞，对隧洞衬砌的混凝土会产生冲磨破坏，尤其是对隧洞底部产生的冲磨比较严重。冲磨破坏的程度主要与洞内水流速度，泥沙含量、粒径大小及其组成，洞壁体形和平整程度等有关。

一般来说，洞内流速越高，泥沙含量越大，洞壁体形越差，洞壁表面越不平整，洞壁冲磨破坏就越严重。特别是在洪水季节，水流挟带泥沙及杂物多，当隧洞进出口连接建筑物处理不当时，冲磨会更为严重。水流中悬移质和推移质对隧洞均有磨损，悬移质泥沙摩擦边壁，产生边壁剥离，其磨损过程比较缓慢。推移质泥沙不仅有摩擦作用，还有冲击作用，以及粗颗粒的冲击、碰撞、破坏作用，对边壁破坏尤为显著。

（四）混凝土溶蚀

隧洞由于长期受到水流的冲磨和山岩裂隙水沿洞壁裂缝向洞内渗漏，极易产生溶蚀破坏。实际工程中隧洞的溶蚀破坏大致分为两种：一种是输送水流对洞壁混凝土的溶蚀，由于水流一般情况下偏酸性，混凝土的碱性物质含量高，洞壁表层混凝土中的有效成分（氢氧化钙）被溶蚀带走，从而降低表面强度；另一种是洞壁内部混凝土被穿透洞壁的渗流溶解并析出，在内壁表面析出白色沉淀物（碳酸钙），这种溶蚀破坏对表面强度影响不大，但当溶解析出有效成分较多时，会严重降低洞体强度，甚至导致钢筋锈蚀。

（五）隧洞排气与补气不足

过去由于缺乏经验，对隧洞闸门后通气认识不足，设计时未设有通气孔或给出的尺寸太小，因此实际工程中的隧洞损坏和事故也不少。高速水流水面掺气将洞内水面以上的空气逐渐带走，造成洞内压力降低，直至空气完全被带走而形成洞顶负压；随着水流流动，又会有部分空气从进出口补充，洞顶压力又会恢复到明流时的正常状态。这样周而复始，有压、无压交替运行，洞内水流水面波动，造成周期性的振动和声响，不仅影响隧洞泄流，而且引起隧洞衬砌的疲劳破坏，危及隧洞或其他建筑物的安全。

因此，设计隧洞时宜在进口闸门后设置通气孔，目的是不断地向泄水洞内补充空气，防止洞内压力降低，从而有利于防止空蚀的发生和保证正常泄流。如果通气孔孔径过小或被堵塞，布置位置不当或根本未设通气孔，泄流时补气不足，将可能造成隧洞内压力不稳定或负压，导致隧洞内流态不稳和局部空蚀，严重的将引起整个隧洞结构振动，危及隧洞安全。在压力输水隧洞中，洞内排水需要关闭事故检修闸门时，要补气；在充水准备开门时，则要排气。因此，通气孔在压力隧洞检修闸门启闭过程中起着排气和补气的作用。如补气不足，会影响洞内安全排水；如排气不足，则使洞内压力骤增，达到一定程度时会危及隧洞结构设备和周围人员的安全。

（六）闸门锈蚀变形与启闭设备老化

隧洞闸门工作环境恶劣，养护很不方便，因此隧洞闸门锈蚀现象十分普遍。特别是水库深式泄水隧洞闸门，由于启闭运行次数很少，锈蚀更为严重。闸门启闭设备老化损坏也比较突出，主要表现在启闭机启门力和闭门力不足、启闭设备部件损坏、闸门螺杆弯曲或断裂等。

三、隧洞病害处理

（一）断裂漏水的处理方法

1. 隧洞衬砌体裂缝的处理

一般表面裂缝容易处理，深层和贯穿裂缝处理难度较大。出现裂缝后，应查清裂缝部位、走向、长度、宽度、深度及贯穿情况，对稳定性和应力状态应进行验算，分析其原因和危害性，再确定处理措施。

裂缝的一般处理措施是封闭裂缝表面，充填裂缝或者使裂缝两侧结合成整体，使裂缝不再渗水，不再向深部发展，恢复结构的整体性、耐久性。对影响结构强度、结构稳定性或严重漏水的深层和贯穿裂缝，应谨慎处理，有时要进行专门论证或专门补强加固设计。对隧洞衬砌体裂缝的处理常用的方法：①表面涂抹；②凿槽粘补；③凿槽嵌补；④喷浆修补等。

2. 隧洞的喷锚支护

喷锚支护是指喷射混凝土和锚杆支护，与现场浇筑的混凝土衬砌相比，其具有明显的优点：①能够与周围岩体紧密结合；②提高围岩整体性、稳定性和抗震性；③承载能力强；④施工速度快；⑤成本低廉。其主要用于隧洞无衬砌段加固或衬砌破坏的补强。

喷锚支护可分为喷混凝土、喷混凝土+锚杆联合支护、喷混凝土+锚杆+钢筋网联合支护等类型。其工艺可参考水利水电施工技术课程的相关内容。

3. 灌浆处理

施工质量较差的隧洞发生裂缝或孔洞时，可以采用灌浆处理。对于洞径较大的隧洞，钻孔机械能够在洞中作业，采用洞内灌浆更为经济。一般在洞壁内按梅花形布设钻孔，灌浆时由疏到密，灌浆压力一般采用0.1～0.2 MPa。灌浆机械多放置在洞外，输浆管路较长，压力损耗大，所以灌浆压力应以孔口压力为控制标准。浆液的配合比可根据需要选定。

（二）气蚀破坏的防治与修复

气蚀对输水洞的安全极其不利。防治气蚀的措施有改善边界条件、控制闸门开度、改善掺气条件、改善过流条件、采用高强度的抗气蚀材料等。

1. 改善边界条件

当进口形状不恰当时，极易产生气蚀现象，渐变的进口形状最好做成椭圆曲线形。

2. 控制闸门开度

观察分析发现：小开度时，闸门底部止水后易形成负压区，引起闸门沿竖直方向振动，闸门底部容易出现气蚀；大开度时，闸门后易产生明满流交替出现的现象，闸门后部形成负压区，使闸门沿水流方向产生振动，造成闸门后部洞壁产生气蚀。因此，要控制闸门开度在合适的范围内，避免不利开度和不利流态的出现。

3. 改善掺气条件

掺气能够降低或消除负压区，增加空泡中气体空泡所占的比例。含大量空气使得空泡在溃灭时可大大减少传到边壁上的冲击力，含气水流也成了弹性可压缩体，从而减少气蚀。因此，将空气直接输入可能产生气蚀的部位，可有效防止建筑物气蚀破坏。当水中掺气的气水比达到7%～8%时，可以消除气蚀。1960年，美国大古力坝泄水孔应用通气减蚀取得成功后，世界上不少水利工程相继采用此法，取得良好效果。

通气孔的大小关系到掺气质量，闸门开度不同，对通气量的要求也不同。

4. 改善过流条件

除进口顶部做成 1/4 的椭圆曲线外，中高压水头的矩形门槽可改为带错距和倒角的斜坡形门槽。出口断面可适当缩小，以提高洞内压力，避免气蚀。对于衬砌材料的质量要严格控制，使其达到设计要求。应保证衬砌表面的平整度，对凸起部分要凿除或研磨成设计要求的斜面。

5. 采用高强度的抗气蚀材料

采用高强度的抗气蚀材料，有助于消除或减缓气蚀破坏。提高洞壁材料的抗水流冲击作用，在一定程度上可以消除水流冲蚀造成表面粗糙而引起的气蚀破坏。资料表明，高强度的不透水混凝土可以承受 30 m/s 的高速水流而不损坏。护面材料的抗磨能力增加，可以消除由泥沙磨损产生的粗糙表面而引起气蚀的可能性。环氧树脂砂浆的抗磨能力，比普通混凝土及岩石的抗磨能力高约 30 倍。采用高标号的混凝土，可以缓冲气蚀破坏，甚至消除气蚀。采用钢板或不锈钢作为衬砌护面，也会产生很好的效果。

（三）冲磨破坏处理

冲磨破坏的修补效果好坏主要取决于修补材料的抗冲磨强度，抗冲磨强度高的材料比较多，选用时主要从造成冲磨破坏的水流挟沙是以悬移质为主还是以推移质为主来考虑。

1. 悬移质冲磨破坏修补材料

（1）高强水泥砂浆、高强水泥石英砂浆

工程实践证明，高强水泥砂浆是一种较好的抗冲磨材料，特别是用硬度较大的石英砂代替普通砂后，砂浆的抗磨强度有一定提高。水泥石英砂浆价格低、工艺简单、施工方便，是一种良好的抗泥沙磨蚀材料。水泥石英砂浆水灰比 0.5 : 1，灰砂比 1 : 1.5，水泥用量 890 kg/m³，28 d 抗压强度可达 70 MPa，其抗磨蚀强度约为 C30 混凝土的 5 倍，可经受流速 35～50 m/s 的冲击。

（2）铸石板

铸石板具有优异的抗磨、抗空蚀性能，根据原材料和工艺方法的不同，目前主要有辉绿岩、玄武岩、硅锰渣铸石和微晶铸石等。实践证明，铸石板是较好的抗磨、抗空蚀材料之一，但其缺点是质脆、抗冲击强度低。其施工工艺要求高，粘贴不牢时，高速水流易进入板底空隙，在动水压力作用下将板掀掉冲走。例如，在刘家峡溢洪道的底板和侧墙、碧口泄洪洞的出口等处所做的抗冲耐磨试验中，铸石板均被水流冲走。因此，目前已很少采用铸石板，而是将铸石粉碎成粗细骨料，利用其高抗磨蚀的优点配制高抗冲磨混凝土。

（3）环氧砂浆

环氧砂浆具有固化收缩小、与混凝土黏结力强、机械强度高、抗冲磨及抗空蚀性能好等优点。其抗冲磨强度为28 d抗压强度为60 MPa的水泥石英砂浆的5倍，C30混凝土的20倍，合金钢和普通钢的20～25倍。固化的环氧树脂本身抗冲磨强度并不高，但由于其黏结力极强，含沙水流要剥离环氧砂浆中的耐磨砂粒相当困难，因而用耐磨骨料配制的环氧砂浆，其抗冲磨性能相当优越。

（4）高抗冲耐磨混凝土（砂浆）

高抗冲耐磨混凝土（砂浆）是选用耐磨蚀粗细骨料、高活性优质混合材、高效减水剂和水泥配制而成的，其水泥宜选用硅酸三钙含量高的水泥（硅酸三钙矿物含量不低于45%），细骨料宜选用细度模数为2.5～3.0的中砂。常用的磨蚀骨料品种有花岗岩、石英岩、刚玉、各种铸石和铁矿石等。高活性优质混合材有硅粉和粉煤灰。减水剂宜选用非引气高效减水剂，而水灰比宜控制在0.3左右。选择高抗冲耐磨混凝土（砂浆）配合比的原则是尽可能提高水泥石的抗冲磨强度和黏结强度，同时尽量减少水泥石在混凝土中的含量。实际工程中已经应用的高抗冲耐磨混凝土（砂浆）有硅粉抗磨蚀混凝土（砂浆）、高强耐磨粉煤混凝土（砂浆）、铸石混凝土（砂浆）和铁矿石骨料抗磨蚀混凝土（砂浆）等。

（5）聚合物水泥砂浆

聚合物水泥砂浆是在水泥砂浆中掺加聚合物乳液改性而制成的一类有机无机复合材料。这类砂浆的硬化过程是伴随着水泥水化产物形成刚性空间结构的同时，由于水化和水分散失，乳液脱水，胶粒凝聚堆积并借助毛细管力成膜，填充结晶相之间的空隙，形成聚合物空间的网状结构。聚合物的引入，既提高了水泥石的密实性、黏结性，又降低了水泥石的脆性，因此是一种比较理想的薄层修补材料。其耐磨蚀性能亦较掺聚合物乳液改性前的水泥砂浆有明显提高，因而可用于有中等抗冲磨空蚀要求的混凝土冲磨空蚀破坏的修补。最常用的聚合物砂浆有丙乳砂浆和氯丁胶乳砂浆。

2. 推移质冲磨破坏修补材料

高速水流挟带的推移质，除对泄水建筑物过流表面混凝土有磨损作用以外，还有冲击砸撞作用。这就要求修补材料除具有较高的抗磨蚀性能外，还应具有较高的冲击韧性。以前在含推移质河流上修建泄水建筑物，常用的抗冲磨衬护材料有钢板、铸铁板、条石、钢轨间嵌填条石或铸石板等，近十几年来研究开发的有高强抗冲磨混凝土、钢纤维硅粉混凝土、钢轨间嵌填抗冲磨混凝土等。

（1）钢板

钢板具有很高的强度和抗冲击韧性，故抗推移质冲磨性能好。钢板厚度一般选用12～20 mm，与插入混凝土中的锚筋焊接。钢板间接缝要焊牢，在沉陷缝位置焊接增强角钢。钢板衬护施工技术要求较严，由于锚固不牢或灌浆不密实而被砸变形、冲走的现象也曾发生。例如，四川映秀湾水电站拦河闸因钢板焊缝不牢，回填灌浆不密实，钢板在推移质撞击下，沿焊缝整块破裂，有1/3被冲走。

（2）高强抗冲耐磨混凝土

高强抗冲耐磨混凝土应用时要加配钢筋网增强。

（3）钢纤维硅粉混凝土

试验证明，掺入钢纤维虽然对提高硅粉混凝土抗磨蚀性能的作用不明显，却能改善硅粉混凝土的脆性，提高抗冲击韧性。当钢纤维掺量为0.5%（体积比）时，钢纤维硅粉混凝土的抗空蚀强度约为硅粉混凝土的10倍，受冲击断裂破坏时所吸收的冲击能量约为硅粉混凝土的1.75倍，因而适合用于受推移质冲砸破坏的混凝土的修补。

（4）钢轨间嵌填抗冲磨混凝土

钢轨间嵌填抗冲磨混凝土，是由高强度和高抗冲击性的钢轨与抗冲磨混凝土构成的复合衬砌，专门用于抵抗挟带大粒径推移质高速水流对泄水建筑物的强烈冲砸、磨损、破坏。钢轨可沿水流方向水平设置，也可垂直过流面竖立设置。

第三节　倒虹吸管及涵管的养护与修理

一、倒虹吸管及涵管的检查与养护

（一）倒虹吸管的检查与养护

倒虹吸管是渠道穿越山谷、河流、洼地，以及通过道路或其他渠道时设置的压力输水管道，是一种交叉输水建筑物，是灌区配套工程中的重要建筑物之一。倒虹吸管一般由进口段、管身段和出口段三部分组成。管身断面形式常见有圆形、箱形和城门洞形。国内灌区工程中的倒虹吸管，绝大多数是钢筋混凝土管和预应力钢筋混凝土管，只有少量的钢管和素混凝土管。钢筋混凝土管和预应力钢筋混凝土管既有预制安装的，也有现浇的。

倒虹吸管的日常检查与维护工作主要包括以下内容。

第一，在放水之前应做好防淤堵的检查和准备工作，清除管内泥沙等淤积物，以防阻水或堵塞；多沙渠道上的倒虹吸管，应检查进口处的防沙设施，确保其在运用期发挥作用；注意检查进出口渠道边坡的稳定性，对不稳定的边坡及时处理，以防止在运用期塌方。

第二，停水后的第一次放水时，应注意控制流量，防止开始时放水过急，管中挟气，水流回涌而冲坏进出口盖板等设施。

第三，在运行期间应经常注意清除拦污栅前的杂物，以防止压坏拦污栅和壅高渠水，造成漫堤决口。

第四，在过水运行期间，注意观察进出口水流是否平顺，管身是否有振动；注意检查管身段接头处有无裂缝、孔洞漏水，并做好记录，以便停水检修。

第五，注意维护裸露斜管处镇墩基础及地面排水系统，防止雨水淘刷管、墩基础而威胁管身安全。

第六，注意养护进口闸门、启闭设备、拦污栅、通气孔及阀门等设施和设备，保证其灵活运行。

（二）涵管的检查与养护

涵管是指埋设在堤、坝及路基下，用来输水或泄水的水工建筑物，其断面形式常有矩形、圆形和城门洞形。涵管有现浇的，也有预制的，一般圆形小口径涵管大多为预制安装的。涵管外侧填筑土石料，底部有直接置于土基或岩基上的，也有放置在基座上的；主要作用荷载有自重、外侧土压力、内外水压力和温度应力。在我国，绝大多数土石坝中埋设有坝下涵管，各大河流的干支堤下埋设有大量的输水和泄水涵管，因此涵管是一种应用较多的输水建筑物。涵管的日常检查与维护工作主要有以下内容。

第一，保证涵管进口无泥沙淤积，发现泥沙淤积及时清理。

第二，保证涵管出口无冲刷掏空等破坏，并注意进、出口处其他连接建筑物是否发生不均匀沉陷、裂缝等。

第三，按明流设计的涵管严禁有压运行或明流、满流交替运行。启闭闸门要缓慢进行，以免管内产生负压、水击现象。

第四，路基或坝下涵管顶部严禁堆放重物，禁止超载车辆通过或采取必要措施，防止涵管断裂。

第五，能够进入的涵管要定期派人入内检查，查看有无混凝土剥蚀、裂缝漏水和伸缩缝脱节等病害发生。发现病害，应及时分析原因并修补处理。

第六，对坝下有压涵管，在运行期间要注意观察外坝坡出口附近有无管涌和溢出点抬高现象，若发现此现象，应查明是否由涵管断裂引起，并尽快采取必要处理措施。

第七，注意保养闸门、启闭机械设备，保证运用灵活。

二、倒虹吸管及涵管的病害与成因

（一）倒虹吸管常见病害与成因

1. 管身裂缝

管身裂缝有环向裂缝、纵向裂缝和龟纹状裂缝三种。环向裂缝主要是由于管身分节过长，当温度降低时引起纵向收缩变形造成管身脱节，当基础约束过大时会造成拉裂甚至断裂，在斜坡段也有因为镇墩基础沉陷、滑坡或雨水冲刷而失稳引起管身脱节或断裂；纵向裂缝是倒虹吸管最常见的病害，而现浇混凝土管出现纵向裂缝的居多，纵向裂缝常出现在管身顶部，主要原因是现浇管顶施工质量差，同时外露的管顶受到阳光的直射，管身顶部内外温差过大，管壁内外变形不一致；严寒地区，当冬季没有排完管内积水或没有采取保温措施时，也将发生冻害而造成管身纵向裂缝。管身出现裂缝后必然发生漏水，并且结构承载力降低，管道耐久性随之变差。

2．接头漏水

接头止水材料老化或接头脱节将止水拉裂会引起漏水。

3．边墙失稳

进口处地基沉陷或顶部超载会导致进口处挡土墙或挡水墙失稳。

4．混凝土表面剥落

冻融作用（北方地区）或钢筋锈蚀会使混凝土表面剥落。

5．设备故障

管理不善、年久失修和设备老化会引起沉沙拦污设施、闸门、启闭设备等破坏失效。

6．淤积堵塞

未及时清污，杂物堵塞进口或山洪入渠，携带大量推移质沉积管中造成淤积堵塞。

7．气蚀、震动与冲刷

操作不当，在开始放水时排气阀未及时打开或放水太急，管内产生负压引起气蚀，或通过小流量时，未及时调节阀门，进口管道内发生水跃，使管身震动或接头破坏。冲刷是因水流含沙石量大、管壁耐磨性差。

8．钢筋锈蚀

钢筋锈蚀的主要原因是管身裂缝处或缺陷处，钢筋裸露失去混凝土的碱性保护，钢筋钝化膜被破坏而锈蚀。

（二）涵管常见病害与成因

1. 管身断裂和漏水

发生管身断裂常见的原因有以下几种。

第一，地基处理不当。涵管在上部荷载的作用下，产生不均匀沉陷，引起管身断裂。

第二，结构处理有缺陷。在管身和竖井之间荷载突变处未设置沉降缝，会引起管身断裂，如安徽省三湾水库坝下涵管就是因为洞身和闸门竖井之间未设置沉降缝而引起了横向断裂，裂缝的位置，顶部距离闸门1.3～1.5 m，底部距离闸门2.0～2.2 m。

第三，设计考虑不周。结构尺寸偏小、钢筋配置率不足、混凝土强度等级偏低等，都会导致管身结构强度不够，以致断裂。

第四，管身分缝间距过大或位置不当，也会导致管身断裂。

第五，管内流态异变。无压涵管内出现有压流，也容易引起管身震动而断裂破坏。

第六，施工质量较差。施工质量差造成坝下涵管断裂和漏水，主要是管节止水处理不当和管座基础处理不好造成不均匀沉陷引起的。例如，河北省北庄河水库，坝高25 m，坝下埋有内径1.2 m的钢筋混凝土无压圆管，管壁厚12 cm，外包40 cm厚的浆砌块石防渗垫层，然后填土。在管子接头外壁设截水环并用麻绳沥青填塞，外抹1：9的水泥砂浆封闭。由于接头处理不当，同时浆砌块石防渗垫层与管壁接触不够紧密，运用期间管节发生渗漏引起坝体填土颗粒流失，进而导致坝体塌陷。

2. 涵管出口消力池的破坏

由于设计不合理、基础处理不好或运用条件发生变化，消力池在运用时下游水位偏低，池内不能形成完整水跃，导致下游渠底冲刷，海漫基础淘刷，进而危及消力池，严重时会导致消力池本身结构的破坏。

三、倒虹吸管及涵管的修理

（一）倒虹吸管的修理

1. 裂缝的处理

对既未考虑运行期温度应力，又未采取隔热措施的管道，要采取填土等隔热措施；对强度不足、施工质量差的管道产生的裂缝，要采取全面加固措施；对有足够强度的管道的裂缝，主要采取防渗措施。

（1）包裹保护

包裹保护是防止纵向裂缝发生和扩展的有效措施。对裸露在外部的倒虹吸管两侧使用预制空心混凝土砌块进行砌筑外包，上部填土夯实，既能对倒虹吸管起到明显的隔热保温作用，又能减少风、霜、雨、雪等对管身混凝土的侵蚀。

（2）加固补强

对由沉陷引起的裂缝，首先应进行固基处理，如采取灌浆培厚等方法；对强度安全系数太低的管道，可采用内衬钢板加固措施进行处理，处理步骤是在混凝土管内，衬砌一层厚4～6 mm的钢板，钢板事先在工厂加工成卷，其外壁与钢筋混凝土内壁之间留1 cm左右的间隙，钢板从进、出口送入管内就位，撑开，再焊接成型，然后在二者之间进行回填灌浆。该法的优点是能有效地提高安全系数，加固后安全、可靠、耐久，缺点是造价高、钢材用量多、施工难度大。

（3）表面涂抹、贴补或嵌补封缝

对结构整体性影响不大的裂缝一般只采用在表面涂抹、贴补或嵌补等方法进行封缝处理。具体有刚性处理和柔性处理两种类型。

刚性处理有钢丝水泥砂浆、钢丝网环氧砂浆和环氧砂浆粘钢板等方法，这类方法不仅能够防渗抗裂，而且还能分担裂缝处钢筋的一部分应力，提高建筑物的安全性。

柔性处理有环氧砂浆贴橡皮、环氧基液贴玻璃丝布、环氧基液贴纱布、聚氯乙烯油膏填缝及乳化沥青掺苯溶氯丁胶刷缝等方法，柔性处理能够适应裂缝开合的微小变形，造价较低，施工方便。缝宽小于0.2 mm时，采用加大增塑性比例的环氧砂浆修补效果好；缝宽大于0.2 mm时，采用环氧砂浆贴橡皮效果好。

2. 渗漏处理

第一，对由裂缝引起的渗漏可按裂缝处理方法进行。

第二，管壁一般渗漏的处理。可在管内壁刷2～3层环氧基液或橡胶液，涂刷时应力求薄而匀，每日刷一遍，总厚约0.5 mm。若为局部漏水孔或气蚀破坏，可涂抹环氧砂浆封堵。

第三，接头漏水的处理。对于受温度变化影响大的，仍需保持柔性接头的管道，可在接缝处充填沥青麻丝，然后在内壁表面用环氧砂浆贴橡皮。对于已做包裹处理受温度影响显著减小的管道，可改用刚性接头，并隔一定距离设一柔性接头。刚性接头施工时可在接头内外打入石棉水泥或水泥砂浆，并在管内壁表面涂刷环氧树脂，防止钢管伸缩接头漏水，并应定期更换止水材料。

3. 淤积处理

在进口处设置拦污栅隔离漂浮物以防止堵塞；在距进口上游一定距离设置沉沙池和冲沙孔防止推移质的堆积；控制过水流量和流速，防止悬移质的沉积。当出现堵塞，应先排除管内积水，再用人工挖出。

4. 冲磨的处理

设置拦沙槽拦截沙石，减轻对管壁的磨损。对已发生气蚀与冲磨的管壁可进行凿除并重新涂抹耐磨材料。

（二）涵管的修理

涵管断裂漏水的加固及修复措施如下。

1. 管基加固

对由基础不均匀沉陷而引起断裂的涵管，一方面进行管身结构补强，另一方面还需加固地基。

第一，对坝身不是很高，断裂发生在管口附近的，可直接开挖坝身进行处理。

第二，对于软基，应先拆除被破坏部分涵管，然后挖除基础部分的软土至坚实土层，并均匀夯实，再用浆砌石或混凝土回填密实。

第三，对岩石基础软弱带，可进行回填灌浆或固结灌浆处理。

第四，对直径较大的涵管，当断裂发生在中部，开挖坝体处理有困难时，可在洞内钻孔进行灌浆处理。灌浆处理常采用水泥浆，断裂部位可用环氧砂浆封堵。

2. 更换管道

当涵管直径较小、断裂严重、漏水点多、维修困难时，需更换管道。对埋深较大的管道，可采用顶管法完成。顶管法是采用大吨位油压千斤顶将预制好的涵管逐节顶进土体中的施工方法。顶管施工的程序：测量放线→工作坑布置→安装后座及铺导轨→布置及安装机械设备→下管顶进→管的接缝处理→截水环处理→管外灌水泥浆→试压。顶管法施工技术要求高，施工中定向定位困难。但它与开挖沟填埋法比较，具有节约投资、施工安全、工期短、需用劳动力少、对工程运用干扰较小等优点。

3. 表面贴补

对过水界面出现的蜂窝、麻面及细小漏洞可采取表面贴补法处理，这些方法前已叙述。

4. 结构补强

因结构强度不够，涵管产生裂缝或断裂时，可采用结构补强措施。

（1）灌浆

灌浆是目前混凝土或砌石工程堵漏补强常用的方法。对坝下涵管存在的裂缝漏水等均可采用灌浆处理。例如，河北省钓鱼台水库，由于运用期间产生明、满流交替的半有压流态，在 92 m 长的洞壁上漏水点达 59 处，根据这种情况，进行了水泥灌浆处理。全洞共钻孔 120 个，浆孔布设在洞壁两侧，每侧两排，上下错开呈梅花形。上排离洞底 0.7～0.8 m，孔深 0.7～0.9 m，下排离洞底 0.1 m，孔深 1.0～1.2 m。经灌浆处理，基本止住了漏水，效果很好。

（2）加套管或内衬

当坝下涵管管径不容许缩小很多时，套管可采用钢管或铸铁管，内衬可采用钢板。当管径断面缩小不影响涵管运用时，套管可采用钢筋混凝土管，内衬可采用浆砌石料、混凝土预制件或现浇混凝土。例如，广东省马踏石水库土坝下埋设高 1.2 m、宽 0.6 m 的浆砌石涵管，顶拱用砖砌筑。在运用期间断裂漏水，先后有 13 处被漏水掏空。后来采用内套钢丝网水泥管，管壁厚 3 cm，在工地分段浇筑后进行安装，安装后在新老管间进行灌浆处理，效果很好。加套管或内衬时，需先对原管壁进行凿毛、清洗，并在套管或内衬与原管壁之间进行回填灌浆处理。加套管或内衬必须是人工能在管内操作的情况下进行。

（3）支撑或拉锚

石砌方涵的上部盖板如有断裂时，可采用洞内支撑的方式加固。对于侧墙加固，还可采用横向支撑法，有条件的也可采用洞外拉锚的办法。这样处理可以避免缩小过水断面。

第四节　渠道的养护与修理

一、渠道的检查与养护

（一）渠道的检查

1. 经常性检查

经常性检查包括平时检查和汛期检查。平时检查着重检查干渠、支渠渠堤险段。检查渠堤上有无雨淋沟、浪窝、洞穴、裂缝、滑坡、塌岸、淤积、杂草滋生等现象；检查路及交叉建筑物连接处是否合乎要求；检查渠道保护区有无人为乱挖滥垦等破坏现象。汛期检查主要是检查防汛的准备情况和具体措施的落实情况。

2. 临时性检查

临时性检查主要包括在大雨中、台风后和地震后的检查。着重检查有无沉陷、裂缝、崩塌及渗漏等情况。

3. 定期检查

定期检查主要包括汛前、汛后、封冻前、解冻后进行的检查，当发现薄弱环节和问题，应及时采取措施，加以修复解决。对北方地区冬灌渠道，应注意冰凌冻害的影响。

4. 渠道行水期间的检查

渠道行水期间应检查观测各渠段流态，是否存在阻水、冲刷、淤积和渗漏损坏等现象，有无较大漂浮物冲击渠坡和风浪影响，渠顶超高是否足够，等等。

（二）渠道的养护

渠道的日常维护工作有以下内容。

第一，严禁在渠道上拦坝壅水，任意挖堤取水，或者在渠堤上铲草取土、种植庄稼和放牧等，以保证渠道正常运行。在填方渠道附近，不准取土、挖坑、打井、植树和开荒种地，以免渠堤滑坡和溃决。

第二，严禁超标准输水，以防漫溢。严禁在渠堤堆放杂物和违章修建建筑物。严禁超载车辆在渠堤上行驶，以防压坏渠堤。

第三，防止渠道淤积，有坡水入渠要求的应在入口处修建防沙、防冲设施。及时清除渠道中的杂草杂物，以免阻水。严禁向渠道内倾倒垃圾和排污。

第四，在灌溉供水期应沿渠堤认真仔细检查，发现漏水渗水及渠道崩塌、裂缝等险情应及时采取处理措施，以防止险情进一步恶化。检查时发现隐患应做好记录，以便停水后彻底处理。

第五，做好渠道的其他辅助设施的维护与管理工作。这些辅助设施有量水设施与设备安全监控仪器设备、排水闸、跌水及两岸交通桥等。

二、渠道常见病害及原因

渠道常见病害有裂缝、沉陷、滑坡、渗漏、冲刷、淤积、冻胀、蚁害等病害。其中，裂缝、沉陷、渗漏、蚁害与土石坝的病害原因类似。以下仅就严重影响渠道输水或危及渠道安全的常见病害加以分析。

（一）淤积与冲刷

渠道冲刷的主要原因是渠道土质较差、比降过大、水深流急、风浪冲击、施工质量差和运用管理不善等。冲刷主要发生在渠道窄深段、转弯段凹侧及陡坡段，这些渠段水流不平顺且流速大，往往造成冲刷。渠道淤积主要是由于坡水入渠挟带大量泥沙。此外，有些灌渠引水水源含沙量大，取水口防沙效果不好也会带来泥沙淤积。

（二）渠道滑坡

渠道产生滑坡的原因很复杂，归纳起来有以下几点。

第一，基体抗剪强度低，如由软弱岩石及覆盖土组成的斜坡，在雨季或浸水后，抗剪强度明显降低，引起滑坡。

第二，岩层层面、节理、裂隙切割，当形成顺坡切割面，遇水软化后，其上部的岩土层会失去抗滑稳定性。

第三，地下水位抬高时，将使渠道边坡渗透压力增大，边坡抗滑稳定性降低。

第四，渠道的新老结合面、岩土结合面等处理不当，易造成漏水而导致崩塌滑坡。

第五，地质条件较差，填方渠道边坡过陡，或者渠道两侧为深挖方边坡，均易引起坍塌滑坡。

第六，排水条件差，排水系统的排水能力不足或失效，使抗滑能力降低而产生滑坡。

第七，管理不善，人为破坏。

（三）渠道裂缝、孔洞和渗水渠堤裂缝

渠道裂缝、孔洞和渗水渠堤裂缝主要是渠基发生沉陷，边坡抗滑失稳及施工中新旧土体接触处理不当所致。孔洞除筑渠时夹树根腐烂所致外，主要是蚁、鼠、蛇等动物在渠堤中打洞造成的，当渠道未做硬化衬砌时，隐患穿堤就会引起集中漏水。土渠修筑质量不好，防渗效果差，易引起散浸。

（四）渠基沉陷

高填方渠道由于修筑时夯筑不实或基础处理不好，在运行过程中逐渐下沉，造成渠顶高程不够，渠底淤积严重。有衬砌的渠道在填方与挖方处产生不均匀沉陷易引起裂缝。

（五）冻害破坏

北方地区冬季寒冷，渠道衬砌在冻融作用下产生剥蚀、隆起、开裂或垮塌破坏。

三、渠道病害的修理

（一）渠道冲刷处理

第一，修建跌水、陡坡、潜堰、砌石护坡护底等，调整渠道比降，减缓流速和提高抗冲能力，达到防冲的目的。

第二，渠道弯曲过急、水流不顺造成凹岸冲刷时，可采取加大弯曲半径、裁弯取直的办法，使水流平顺，避免冲刷，也可以用浆砌石或混凝土衬砌冲刷段，提高其抗冲能力。

第三，渠道土质不好，施工质量差，又未采取衬砌措施，引起大范围冲刷时，可采取渠床夯实或渠道衬砌等措施，提高渠道稳定性，防止冲刷。

第四，渠道管理不善，流量突增猛减，水流冲刷或漂浮物撞击渠坡时，应加强管理，科学调控，保持流量均匀，消除漂浮物。

（二）渠道淤积的处理

渠道淤积的处理从防淤和清淤两方面采取措施。

1. 防淤措施

①设置防沙、排沙设施，减少进入渠道的泥沙；②调整引水时间，避开沙峰引水，在高含沙量时减少引水流量，在低含沙量时加大引水流量；③防止水挟沙入渠，防止山洪、暴雨径流进入渠道，避免渠道淤积；④衬砌渠道，降低渠道糙率，加大渠道流速，提高挟沙能力，减少淤积。

2. 清淤措施

①水力清淤。在水源比较充足的地区，可在非用水季节，利用含沙量少的清水，按设计流量引入渠道，利用现有排沙闸、泄水闸、退水闸等泄水拉沙，按先上游后下游的顺序，有计划地逐段进行，必要时可安排受益农户参与，使用铁锹、铁耙等农具搅拌，加速排沙。②人工清淤。这是目前使用最普遍的方法，在渠道停水后，组织人力，使用铁锹等工具挖除渠道淤沙，一般一年进行1~2次。③机械清淤。用挖泥船、挖土机、推土机等工程机械来清理渠道淤积泥沙，这种方法速度快、效率高，能降低劳动强度，节省大量劳力。

（三）渠道滑坡的处理

渠道滑坡的处理可采取排水、减载、反压、支挡、换填、改暗涵，或者加支撑、倒虹吸、渡槽和渠道改线等措施，具体见表4-1。

表4-1　渠道滑坡的处理措施

处理措施	内容
砌体支挡	渠道滑坡地段，地形受限，单纯削坡土方量较大时，可在坡脚及边坡砌筑各种形式的挡土墙支挡，用于增强边坡抗滑能力
明渠改暗涵或加支撑	傍山渠道地质条件差、山坡过陡，易产生滑坡和崩塌，造成渠道溃决。若采用削坡减压、砌筑支挡困难或工程量过大，难以维持边坡稳定，可将明渠改为暗涵。暗涵形式有圆拱直墙、箱涵或盖板涵，涵洞上面回填土石，恢复山坡自然坡度或做成路面
渠道改线	对中小型渠道，处在地质条件很差，甚至在大滑坡或崩塌体上时，渠道稳定性没有保证，应考虑改变渠道线路
换填好土	渠道通过软弱风化岩面等地质条件差的地带，产生滑坡的渠段，除削坡减载外，还可考虑换填好土，重新夯实，改善土的物理力学性质，达到稳定边坡的目的。一般应边挖边填，回填土多用黏土、壤土或壤土夹碎石等

（四）渠道的沉陷、裂缝、孔洞的修理

渠道的沉陷、裂缝、孔洞的修理措施一般有翻修和灌浆两种，有时也可采用上部翻修下部灌浆的综合措施。

1. 翻修

翻修是将病害处挖开，重新进行回填。这是处理病害比较彻底的方法，但对于埋藏较深的病害，由于开挖回填工作量大，且限于在停水季节进行，是否适宜采用，应根据具体条件分析比较后确定。翻修时的开挖回填，应注意下列几点。

第一，根据查明的病害情况，决定开挖范围。开挖前向裂缝内灌入石灰水，以利掌握开挖边界。开挖中如发现新情况，必须跟踪开挖，直至全部挖尽为止，但不得掏挖。

第二，开挖坑槽一般为梯形，其底部宽度至少为0.5 m，边坡应满足稳定及新旧填土接合的要求，一般根据土质、夯压工具及开挖深度等具体条件确定。较深坑槽也可挖成阶梯形，以便出土和安全施工。

第三，开挖后，应保护坑口，避免日晒、雨淋或冰冻，并清除积水、树根、苇根及其他杂物等。

第四，回填的土料应根据渠基土料和裂缝性质选用，对于沉陷裂缝应用塑性较大的土料，控制含水量大于最优含水量的1%～2%，对于滑坡、干缩和冰冻裂缝的回填土料，应控制含水量等于或低于最优含水量的1%～2%。挖出的土料，要试验鉴定合格后才能使用。

第五，回填土应分层夯实，填土层厚度以10～15 cm为宜，压实密度应比渠基土密度稍大些。

第六，新旧土接合处，应刨毛压实，必要时应做接合槽，以保证紧密结合，并要特别注意边角处的夯实质量。

2．灌浆

对埋藏较深的病害处，翻修的工程量过大，可采用黏土浆或黏土水泥浆灌注处理。处理方式有重力灌浆和压力灌浆。重力灌浆仅靠浆液自重灌入缝隙，不加压力。压力灌浆除浆液自重外，再加机械压力，使浆液在较大压力作用下灌入缝隙，一般可结合钻探打孔进行灌浆，在预定压力下，至不吸浆为止。关于灌浆方法及其具体要求，可参照有关规范执行。

3．翻修与灌浆结合

对病害的上部采用翻修法，下部采用灌浆法处理。先沿裂缝开挖至一定深度，并进行回填，在回填时预埋灌浆管，然后采用重力或压力灌浆，对下部病害进行灌浆处理。这种方法适用于中等深度的病害，以及不易全部采用翻修法处理的部位或开挖有困难的部位。渠基处理好以后，就可进行原防渗层的施工，并使新旧防渗层结合良好。

（五）防渗层破坏的修理

渠道的防渗技术方法和形式较多，且各有特点。对于防渗层的修补处理，要根据防渗层的材料性能、工作特点和破坏形式选择下列修补方法。

1．土料和水泥土防渗层的修理

对于土料防渗层出现的裂缝、破碎、脱落、孔洞等，应将病害部位凿除，清扫干净，用素土、灰土等材料分别回填夯实，修打平整。对于水泥土防渗层的裂缝，可沿缝凿成倒三角形或倒梯形，并清洗干净，再用水泥土或砂浆填筑抹平，或者向缝内灌注黏土水泥浆。对于破碎、脱落等病害，可将病害部位凿除，然后用水泥土或砂浆填筑抹平。

2. 砌石防渗层的修理

对于砌石防渗层出现的沉陷、脱缝、掉块等，应先将病害部位拆除，冲洗干净，不得有泥沙或其他污物黏裹，再选用质量及尺寸均适合的石料，用砂浆砌筑。对个别不满浆的缝隙，再由缝口填浆并捣固，务使砂浆饱满。对较大的三角缝隙，可用手锤楔入小碎石，缝口可用高一级的水泥砂浆勾缝。对一般平整的裂缝，可沿缝凿开，并冲洗干净，然后用高一级的水泥砂浆重新填筑、勾缝。外观无明显损坏、裂缝细而多、渗漏较大的渠段，可在砌石层下进行灌浆处理。

3. 膜料防渗渠道的修理

膜料防渗层除在施工中发生损坏应及时修补外，在运行中一般难以发现损坏。如遇意外事故而出现损坏，可用同种膜料黏补。膜料防渗层常见的病害主要是保护层的损坏，如保护层裂缝或滑坍等，可按相同材料防渗层的修补方法进行修理。

4. 沥青混凝土防渗层的修理

沥青混凝土防渗层常见的病害主要是裂缝、隆起和局部剥蚀等。对于1 mm细小的非贯穿性裂缝，当春暖时，都能自行闭合，一般不必处理；对于2～4 mm的贯穿性裂缝，可用喷灯或红外线加热器加热缝面，再用铁锤沿缝面锤击，使裂缝闭合黏牢，并用沥青砂浆填实抹平。裂缝较宽时，往往易被泥沙充填，影响缝口闭合，应在缝口张开最大时（每年1月左右），清除泥沙，洗净缝口，加热缝面，用沥青砂浆填实抹平。对于剥蚀破坏部位，经冲洗、风干后，先刷一层热沥青，然后再用沥青砂浆或沥青混凝土填补。如防渗层鼓胀隆起，可将隆起部位凿开，整平土基后，重新用沥青混凝土填筑。

5. 混凝土防渗层的几种修理方法

（1）现筑混凝土防渗层的裂缝修补

当混凝土防渗层开裂后仍大致平整，无较大错位时，如缝宽小，可采用过氯乙烯胶液涂料粘贴玻璃丝布的方法进行修补；如缝宽较大，可采用填筑伸缩缝的方法修补。对缝宽较大的大型渠道，可用下列填塞与粘贴相结合的方法修补，清除缝内、缝壁及缝口两边的泥土、杂物，使之干燥。沿缝壁涂刷冷底子油，然后将煤焦油沥青填料或焦油塑料胶泥填入缝内，填压密实，使表面平整光滑。填好缝1～2 d后，沿缝口两边各宽5 cm涂刷过氯乙烯涂料一层，随即沿缝口两边各宽3～4 cm粘贴玻璃丝布一层，再涂刷涂料一层，贴第二层玻璃丝布，最后涂一层涂料即完成。涂料要涂刷均匀,玻璃丝布要粘平贴紧,不能有气泡。

(2)预制混凝土防渗层砌筑缝的修补

预制混凝土板的砌筑缝多是水泥砂浆缝,容易出现开裂、掉块等病害,如不及时修补,不仅会加大渗漏损失,而且将逐渐加重病害,造成更大损失。修补方法是凿除缝内水泥砂浆块,将缝壁、缝口冲洗干净,用与混凝土板同标号的水泥砂浆填塞,捣实抹平后,保温养护不得少于14 d。

(3)混凝土防渗板表层损坏的修补

混凝土防渗板表层损坏,如剥蚀、孔洞等,可采用水泥砂浆或预缩砂浆修补,必要时还可采用喷浆修补。

第一,水泥砂浆修补。首先,必须全部清除已损坏的混凝土,并对修补部位进行凿毛处理,冲洗干净;其次,在工作面保持湿润状态的情况下,将拌和好的砂浆用木抹子抹到修补部位,反复压平;最后,用铁抹子压光后,保温养护不少于14 d。当修补部位深度较大时,可在水泥砂浆中掺适量砾料,以减少砂浆干缩和增强砂浆强度。

第二,预缩砂浆修补。预缩砂浆是经拌和好之后再归堆放置30~90 min才使用的干硬性砂浆。当修补面积较小又无特殊要求时,应优先采用。

第三,喷浆修补。喷浆修补是将水泥、砂和水的混合料,经高压喷头喷射至修补部位。

(4)混凝土防渗层的翻修

混凝土防渗层损坏严重,如破碎、错位等,应拆除损坏部位,填筑好土基后重新砌筑。砌筑时要特别注意将新旧混凝土的接合面处理好。接合面凿毛冲洗后,需要涂一层厚2 mm的水泥净浆,才能开始砌筑混凝土,然后要注意保温养护。翻修中拆除的混凝土要尽量利用。现浇板能用的部分,可以不拆除;预制板能用的,尽量重新使用;破碎混凝土中能用的石子,也可作混凝土骨料用。

第五节　渡槽的养护与修理

一、渡槽的检查与养护

渡槽一般由输水槽身、支承结构、基础、进口建筑物、出口建筑物组成，实际工程中，绝大部分是钢筋混凝土渡槽，有整体现浇的和预制装配的。常用的槽身断面形式有矩形和U形两种。支承结构常用梁式、拱式、重架式、桁架梁及重架拱式、斜拉式等。

渡槽的日常检查与养护工作包括以下内容。

第一，槽内水流应均匀平顺，发现裂缝漏水、沉陷、变形应及时处理。

第二，渡槽原设计未考虑交通时，应禁止人、畜通行，防止意外发生。

第三，要经常清理槽内淤积和漂浮物，保证正常输水，防止上淤下冲。

第四，跨越沟溪的渡槽，基础埋深要在最大冲刷线之下，防止基础遭受冲刷。

第五，寒冷地区的渡槽，基础埋深要在最大冰冻深度下，防止基础冻胀破坏。

第六，跨越多泥沙河流的渡槽，应防止河道淤积、洪水位抬高危及渡槽安全。

二、渡槽的常见病害及成因

渡槽的常见病害有冻害、混凝土碳化及钢筋锈蚀、支承结构发生不均匀沉陷和断裂、混凝土剥蚀、裂缝和止水老化破坏、进口泥沙淤积和出口产生冲刷等。此外，近十余年来有些渡槽因设计原因，在槽中出现涌波现象，造成槽身溢水。以下仅就冻害、混凝土碳化及钢筋锈蚀做出详细分析，其他病害分析不再赘述。

（一）冻害机理分析

1. 冻胀破坏

寒冷地区的渡槽多采用基础形式。桩基及排架下板式基础的冻害破坏，外观上表现为不均匀上抬，纵向中间基础上抬量大，越往两边抬量越小，呈"罗锅形"。

渡槽基础的不均匀上抬，主要是切向冻胀力作用的结果。当基础周围土中水分冻结成冰时，冰便将基础侧面与周围土颗粒胶结在一起，形成冻结力。当基础周围土冻胀时，靠近桩柱的土体冻胀变形受到约束，从而沿基础侧表面产生方向向上的切向冻胀力。由此可知，切向冻胀力的产生必须满足两个条件：其一是基础和地基土之间存在冻结力的作用；其二是地基土在冻结过程中产生冻胀。

影响切向冻胀力大小的主要因素有地基土的粒度成分、含水量、温度、基础材料性质和基础表面粗糙程度等。对桩基来说，在切向冻胀力作用下的冻胀上抬通常有以下两种原因：其一是由于桩柱上部荷载、桩重力及桩柱与未冻土间的摩擦力不足以平衡总冻拔力而产生整体上抬；其二是由于在冻拔力作用下，桩柱截面尺寸或配筋不满足抗拉强度要求，造成断桩。断桩位置多发生在冻土层底部或桩柱抗拉最薄弱截面处。

2. 冻融破坏

混凝土是由水泥砂浆和粗骨粒组成的毛细复合材料。混凝土在拌和过程中加入的拌和用水总要多于水泥所需的水化水。这部分多余的水便以游离水的形式滞留于混凝土中，形成占有一定体积的连通毛细孔。这些连通毛细孔就是混凝土遭受冻害的主要原因。由美国学者提出的膨胀压和渗透压理论证明，吸水饱和的混凝土在冻融过程中，遭受的破坏应力主要有两方面来源：一是混凝土孔隙中充满水，当温度降低至冰点以下而使孔隙水产生物态变化，即水变成冰，其体积要膨胀9%，从而产生膨胀应力；二是与此同时，混凝土在冻结过程中还可能出现过冷水在孔隙中的迁移和重新分布，从而在混凝土的微观结构中产生渗透压。这两种应力在混凝土冻融过程中反复出现，并相互促进，最终造成混凝土的疲劳破坏。目前，这一冻融破坏理论在世界上具有代表性和较高的公认程度。

如果混凝土的含水量小于饱和含水量的91.7%，那么当混凝土受冻时，毛细孔中的膨胀结冻水可被非含水孔体吸收，不会形成损伤混凝土微观结构的膨胀压力。因此，饱水状态是混凝土发生冻融剥蚀破坏的必要条件之一。另一必要条件是外界气温的正负变化，其能使混凝土孔隙中的水发生反复冻融循环。工程实践表明，冻融破坏是从混凝土表面开始的层层剥蚀破坏。

（二）混凝土碳化及钢筋锈蚀机理分析

钢筋混凝土结构中的钢筋，在强碱性环境中（pH值为12.5～13.2），表面会生成一层致密的水化氧化物薄膜，呈钝化状态的薄膜保护钢筋免受腐蚀。通常，周围混凝土对钢筋的这种碱性保护作用在很长时间内是有效的，然而一旦钝化膜遭到破坏，钢筋就处于活化状态，就有受到腐蚀的可能性。

使钢筋钝化膜破坏的主要因素如下。

第一，由于碳化作用破坏钢筋的钝化膜。当无其他有害杂质时，由于混凝土的碳化效应，即混凝土中的碱性物质（主要是氢氧化钙）与空气中的二氧化碳作用生成碳酸钙，使水泥石孔结构发生了变化，混凝土碱度下降并逐渐变为中性，pH值降低，从而使钢筋失去保护作用而易于锈蚀。

第二，由于水化氧化物薄膜和其他酸性介质侵蚀作用破坏钢筋的钝化膜。混凝土中钢筋锈蚀的另一原因是氯化物的作用。氯化物是一种钢筋的活化剂，当其浓度不高时，亦能使处于碱性混凝土介质中的钢筋的钝化膜破坏。

第三，当混凝土中掺加大量活性混合材料或采用低碱度水泥时，也可导致钢筋钝化膜的破坏或根本不生成钝化膜。

当钢筋表面的钝化膜遭到破坏后，只要钢筋能接触到水和氧，就会发生电化学腐蚀，即通常所说的锈蚀。一旦处在保护层保护下的钢筋发生锈蚀，因生成的铁锈体积膨大，很容易将保护层膨胀崩落，从而使钢筋暴露在自然环境中，更加快了锈蚀进程。

实际上，对一般输水建筑物来说，上述混凝土碳化导致钢筋锈蚀是主要的，但又是难以避免的。混凝土的碳化速度快慢与混凝土的材料性质、水灰比、振捣密实度、硬化过程中的养护好坏及周围环境等因素有关。

大量的实际工程检测表明，同一建筑物的上部结构碳化深度往往比下部结构的大。渡槽中的结构构件多采用小体积钢筋混凝土轻型结构，钢筋保护层厚度有限，现浇渡槽结构的施工和养护难度较其他输水建筑物大。因此，渡槽的碳化和钢筋锈蚀较其他建筑物更为突出。

三、渡槽病害的修理

（一）渡槽冻害的防治

1. 冻胀破坏的防治措施

为了防止渡槽基础的冻害，可采用消除、削减冻因的措施或结构措施，也可将以上两种措施结合起来，采用综合处理方法。

（1）消除、削减冻因

温度、土质和水分是产生冻胀的三个基本因素，如能消除或削弱其中某个因素，便可达到消除或削弱冻胀的目的。在实际工程中，常采用的措施有换填法、物理化学方法、排水隔水法和加热隔热法。其中，换填法是指将渡槽基础周围强冻胀性土挖除，然后用弱冻胀性的砂、砾石、矿渣、炉灰渣等材料换填。换填厚度一般采用30～80 cm。采用换填法虽不能完全消除切向冻胀力，但可使切向冻胀力大为减小。在采用砂砾石换填时，应控制粉黏粒的含量，一般不宜超过14%。为使换填料不被水流冲刷，对换填料表面必须进行护砌。

（2）防治冻害的结构措施

结构措施可归纳为回避法和锚固法两种基本方法。

回避法是在渡槽基础与周围土之间采用隔离措施，使基础侧表面与土之间不产生冻结，进而消除切向冻胀力对基础的作用。实际工程中常用油包桩和柱外加套管两种方法。油包桩是在冻层内的桩表面涂上黄油和废机油等，然后外包油毡纸，在油毡纸外再涂油类，做成二毡二油或三油。柱外加套管是在冻土层范围内，在桩外加一套管，套管通常采用铁或钢筋混凝土制作。套管内壁与桩间应当留有2～5 cm间隙，并在其中填黄油、沥青、机油、工业凡士林等。

锚固法是采用深桩，利用桩周围摩擦力或在冻深以下将基础扩大，通过扩大部分的锚固作用防止冻拔。

2. 冻融剥蚀修补

（1）修补材料

修补材料首先应该满足工程所要求的抗冻性指标，混凝土的抗冻等级在严寒地区不小于F300，寒冷地区不小于F200，温和地区不小于F100。通常用的修补材料有高抗冻性混凝土、聚合物水泥砂浆（混凝土）、预缩水泥砂浆等。

第一，高抗冻性混凝土。配制高抗冻性混凝土的主要途径是选择优质的混凝土原材料，掺加引气剂提高混凝土的含气量，掺用优质高效减水剂降低水灰比等。当然，良好的施工工艺和严格的施工质量控制也是非常重要的。一般情况下，当剥蚀深度大于5 cm，即可采用高抗冻性混凝土进行修补。根据工程的具体情况，可以采用常规浇筑或滑模浇筑、真空模板浇筑、泵送浇筑、预填骨料压浆浇筑、喷射浇筑等多种工艺。预填骨料压浆浇筑的优点是可大幅度减少混凝土的收缩，施工模板简单。由于预填骨料已充满了整个修补空间，即使收缩发生也不至于使骨料移动。喷射混凝土近年来被广泛地应用于混凝土结构剥蚀破坏的修补加固。这是因为喷射混凝土修补施工具有特殊的优点：①由于高速喷射作用，喷射混凝土和老混凝土能良好黏结，黏结抗拉强度约为0.50～2.85 MPa；②喷射混凝土施工作业不需要支设模板，不需要大型设备和开阔场地；③能向任意方向和部位施工作业，可灵活调整喷层厚度；④具有快凝、早强特点，能在短期内满足生产使用要求。

第二，聚合物水泥砂浆（混凝土）。聚合物水泥砂浆（混凝土）是通过向水泥砂浆（混凝土）中掺加聚合物乳液改性而制成的一类有机–无机复合材料。聚合物的引入，既提高了水泥砂浆（混凝土）的密实性、黏结性，又降低了水泥砂浆（混凝土）的脆性。近年来，在我国应用比较广泛的改性聚合物乳液有丙烯酸酯共聚乳液、氯丁胶乳。聚合物乳液的掺加量为水泥用量的10%～15%，水灰比一般为0.30左右。为防止乳液和水泥等拌和时起泡，尚需要加入适量的稳定剂和消泡剂。与普通水泥砂浆（混凝土）相比，改性后水泥砂浆（混凝土）的抗压强度降低0～20%，极限拉伸提高1～2倍，弹模降低10%～50%，干缩变形减小15%～40%，比老混凝土的黏结抗拉强度提高1～3倍，抗裂性和抗渗性大幅度提高，抗冻等级能达到F300。因此，聚合物水泥砂浆（混凝土）是一种非常理想的薄层冻融剥蚀修补材料。当冻融剥蚀厚度为10～20 mm且面积比较大时，可选用聚合物水泥砂浆修补；当剥蚀厚度在3～4 cm时，则可考虑选用聚合物水泥混凝土修补。聚合物乳液比较贵，因此从经济角度出发，当剥蚀深度完全能采用高抗冻性混凝土修补（大于5 cm）时，应优先选用抗冻混凝土修补。

第三，预缩水泥砂浆。干性预缩水泥砂浆是一种水灰比小，拌和后放置30～90 min再使用的水泥砂浆。其配合比一般为水灰比0.32～0.34，灰砂比（1∶2）～（1∶2.5），并掺有减水剂和引气剂。砂料的细度模数一般为1.8～2.0。预缩水泥砂浆的性能特点是强度高、收缩小、抗冻抗渗性好，与老混凝土的黏结劈裂抗拉强度能达到 1.0 ～ 2.0 MPa，且施工方便，成本低，适合小面积的薄层剥蚀修补。铺填预缩水泥砂浆每层 4 cm 左右并捣实为宜。因水灰比低，加水量少，故需要特别注意早期养护。

（2）施工工艺

为了保证丙乳砂浆与基底黏结牢固，要求对混凝土表面进行人工凿毛处理，并用高压水冲洗干净，待表面呈潮湿状、无积水时，再涂刷一层丙乳净浆，并立即摊铺拌匀的丙乳砂浆。铺设丙乳砂浆分两层进行，第一层为整平层，第二层为面层。为增加整平层和基底的黏结强度，在抹平过程中将砂浆捣实，抹光操作30 min后，砂浆表面成膜，立即用塑料布覆盖，24 h后洒水养护，7 d后自然干燥养护。施工水泥宜用525号早强普硅水泥及部分425号普硅水泥。水灰比为0.25～0.31，乳液水泥用量比为0.26～0.28。

（二）混凝土碳化及钢筋锈蚀处理

1. 混凝土碳化

一般情况下，不需要对混凝土的碳化进行大面积处理，因为施工质量较好的水工建筑物，在其设计使用年限内，平均碳化层深度基本上不会超过平均保护层厚度。一旦建筑物的保护层全部被碳化，说明该建筑物的剩余使用寿命已不长，对其进行全面碳化处理，投资较大，没有多大实际意义。如建筑物的使用年限不长，绝大部分碳化不严重，只是少数构件或小部分碳化严重，则对其进行防碳化处理十分必要。当建筑物钢筋尚未锈蚀，宜对其做封闭防护处理。

第一，采用高压水清洗机清洗结构物表面，清洗机的最大水压力可达6 MPa，可冲掉结构物表面的沉积物和疏松混凝土，清洗效果较好。

第二，以乙烯-醋酸乙烯共聚乳液作为防碳化涂料，其表干时间为10～30 min，黏结强度大于0.2 MPa，抗-25～85℃冷热温度循环大于20次，气密性好，颜色为浅灰色。

第三，用无气高压喷涂机喷涂，涂料内不夹带空气，能有效地保证涂层的密封性和防护效果。分两次喷涂，两层总厚度达150 μm即可。

2. 钢筋锈蚀处理

钢筋锈蚀对钢筋混凝土结构危害性极大，其锈蚀发展到加速期和破坏期会明显降低结构的承载力，严重威胁结构的安全性，而且修复技术复杂，耗资大，修补效果不能完全保证。因此，一旦发现钢筋混凝土中钢筋有锈蚀迹象，应及早采取合适的防护或修补处理措施。通常的措施有以下三个方面。

第一，恢复钢筋周围的碱性环境，使锈蚀钢筋重新钝化。将锈蚀钢筋周围已碳化或遭氯盐污染的混凝土剥除，并重新浇筑新混凝土或聚合物水泥混凝土。

第二，限制混凝土中的水分含量，延缓或抑制混凝土中钢筋的锈蚀。一般采用涂刷防护涂层，限制或降低混凝土中氧和水分含量，提高混凝土的电阻，减小锈蚀电流，延缓或抑制锈蚀的发展。国外的研究资料表明，涂刷有机硅质憎水涂料，能够明显降低混凝土中锈蚀钢筋的锈蚀速度，但不能完全制止钢筋的继续锈蚀。因此，防水处理仅能当作临时的应对措施，延缓钢筋混凝土结构的老化速度，直到有可能采取更有效的修补处理对策。

第三，采用外加电流阴极保护技术。外加电流阴极保护，就是向被保护的锈蚀钢筋通入微小直流电，使锈蚀钢筋变成阴极，被保护起来免遭锈蚀，并另设耐腐蚀材料作为阳极，亦即阴极保护作用是靠长期不断地消耗电能，使被保护钢筋为阴极，外加耐蚀辅助电极作为阳极来实现。这种保护技术在海岸工程的重要结构中应用较多，在输水建筑物未见采用。

（三）渡槽接缝漏水处理

渡槽接缝漏水，主要是止水老化失效等原因造成的，处理的方法很多，如橡皮压板式止水、套环填料式止水、粘贴式（粘贴橡皮或玻璃丝布）止水等。

1. 聚氯乙烯胶泥止水施工方法

（1）配料

胶泥配合比（质量比）=煤焦油：聚氯乙烯：邻苯二甲酸二丁酯：硬脂酸钙：滑石粉=100.0：12.5：10.0：0.5：25.0。

（2）试验

做黏结强度试验，黏结面先涂一层冷底子油（煤焦油：甲苯为1：4），黏结强度可达140 kPa。不涂冷底子油可达120 kPa。将试件做弯曲90°和扭转180°试验未遭破坏，即可满足使用要求。

（3）做内外模

槽身接缝间隙在3～8 cm的情况下，可先用水泥纸袋卷成圆柱状塞入缝内，在缝的外壁涂抹2～3 cm厚的M10水泥砂浆，作为浇灌胶泥的外模，3～5 d后取出纸卷，将缝内清扫干净，并在缝的内壁嵌入1 cm厚的木条，用胶泥抹好缝隙作为内模。

（4）灌缝

将配制好的胶泥慢慢加温，温度高低控制在110～140 ℃，待胶泥充分塑化后即可浇灌。对于U形槽身的接缝，可一次浇灌完成；对尺寸较大的矩形槽身，可采用两次浇灌完成。第二次浇灌的孔口稍大，要慢慢浇灌才能排出缝隙内的空气。

2. 塑料油膏止水

（1）接缝处理

将接缝清理干净，保持干燥。

（2）油膏预热熔化

油膏预热熔化最好采用间接加温的方式，温度保持在120 ℃左右。

（3）灌注方法

先用水泥纸袋塞缝并预留灌注深度约3 cm，然后灌入预热熔化的油膏，边灌边用竹片将油膏同混凝土反复揉擦，使其紧密粘贴。待油膏灌至缝口，再用皮刷刷齐。

（4）粘贴玻璃丝布

先在粘贴的混凝土表面刷一层热油膏，将预先剪好的玻璃丝布粘贴上去，再刷一层油膏并粘贴一层玻璃丝布，然后再刷一层油膏，务必粘贴牢固。

（四）渡槽支墩的加固

1. 支墩基础的加固

（1）基础承载力不足的加固

当运行中发现渡槽支墩基底承载力不够时，可采用扩大基础的方法加固，以减少基底的单位承载力。

（2）基础沉陷处理

渡槽支墩由于基础沉陷过大，影响正常使用，需将基础恢复原位。在不影响结构整体稳定的前提下，可采取扩大基础、顶回原位的办法处理，先将基础周围的填土挖出，再浇筑混凝土，将沉陷的基础加宽。加宽部分可分为上下两部分：

上部为混凝土支持体，与原混凝土基础连成整体；下部为混凝土底盘，与原混凝土基础间留有空隙。施工时先浇底盘及支持体，待混凝土达到设计强度后，在二者之间布置若干个油压千斤顶，将原渡槽支墩顶起恢复到原位，再用混凝土填实千斤顶两侧的空间，待填实的混凝土达到设计强度后，取出千斤顶，并将千斤顶留下的空间用混凝土填实，最后回填灌浆填实原基底空隙。

2. 渡槽支墩墩身加固

对多跨拱形结构的渡槽，为预防因其中某一跨遭到破坏，使整体失去平衡，而引起其他拱跨的连锁破坏，可根据具体情况，对每隔若干个拱跨中的一个支墩采取加固措施。其方法是在支墩两侧加斜支撑或加大支墩断面。

多跨拱的个别拱跨有异常现象时，如拱圈发生断裂等，可在该跨内设置圬工支顶或排架支顶，以增强拱跨的稳定。

当渡槽支墩发生沉陷而使槽身曲折时，可先在支墩上放置油压千斤顶将渡槽槽身顶起，待其恢复原有的平整位置后，再用混凝土块填充空隙，支撑渡槽槽身。如原支墩顶面是齐平的可先凿坑，再放置千斤顶支撑渡槽槽身进行修理，对千斤顶支撑点必须进行压力核算。

第六节　渠系建筑物冻胀破坏的防治

一、冻土地区建筑物冻胀破坏

冬季土层结冻，产生膨胀，春季融化，又产生沉陷，与土壤接触的水工建筑物因此造成破坏。

（一）桩柱基础桥和渡槽等建筑物的冻胀破坏

寒冷地区桩柱基础桥和渡槽的破坏很普遍，其特征包括以下四个方面。

1. 沿纵向在立面上呈"罗锅形"

在地基冻胀作用下，渡槽或桥的桩柱基础常被不均匀地拔起，通常沟较深，夏季过水部分桩柱上拔量大，而越往沟两侧上拔量越小，边桩柱一般不产生上拔现象，呈现"罗锅形"。

2. 沿纵向在平面上呈折曲形

同一排桩、柱有时冻胀上拔量不等，一般阳面小、阴面大，这样一方面使桥面或槽身产生倾斜，另一方面则使渡槽或桥面呈曲折变位。

3. 上抬量逐年积累和加剧

桩基产生冻拔后，不易制止，冻拔后也不能恢复原位，冻拔量也逐渐积累。一直到由于上拔量过大，建筑失去运用条件，甚至大部分拔出后导致桥面或渡槽身落架破坏。

4. 斜坡桩柱向沟（渠）内倾斜

当桥、渡槽等通过较深沟（渠）时，位于斜坡上的桩柱在斜坡上方冻胀力作用下，产生向沟（渠）内方向的倾斜，常使桩柱断裂。当顶部变位过大时，可能使边跨桥面或渡槽身落架破坏。

（二）墩基础建筑物的冻胀破坏

在季节性的冻土地区，墩式基础桥、渡槽的破坏，其特征主要表现为各墩在各种胀力作用下不均匀上抬或倾斜，形成上层结构变形或破坏。

（三）板形结构的冻胀破坏

渠道衬砌板体、闸底板、闸前铺盖及闸后护坦等板形结构往往置于冻层之内，即板下还有一定厚度的冻土层。这样板体将受底部和周边冻胀力作用，又受到上部结构的不同约束条件作用，板体受到变、扭、剪等复杂的外力作用，从而冻胀破坏。其特征包括以下两个方面。

1. 大面积薄板冻胀裂缝

当板形基础面积较大，四周约束力较小时，其裂缝分布无一定的规律，随着逐渐冻胀和融沉的反复作用，裂缝增多，宽度加大，严重的可使大片板形基础呈破碎状，也有在约束条件下呈规则冻胀裂缝。

2. 板形基础上抬及上部结构产生裂缝

当板形基础较大时，在底部胀力作用下，遂产生整体不均匀的上抬。而板形基础不一定产生破坏，当不均匀变形超过一定限度时，就会产生裂缝或某一部分过大的变形而被破坏。

二、渠系建筑物冻胀破坏的防治

冻胀发生要素是土质、水分及土中的负温值。不论缺少哪一种都不会发生冻胀现象。如能消除或削弱上述三个要素中的一个，则可消除或削弱土体的冻胀。防止冻胀一般采取以下措施。

（一）换填法

换填法是指用粗砂、砾石等非（弱）冻胀性材料置换天然地基冻胀性土，以削弱或基本消除基土的冻胀，这是广泛采用的一种方法。采用换填法时，应根据建筑物运用条件、结构特点、地基土质及地下水位等情况，确定合理的填换深度和控制黏粒含量，并应注意排水。

采用换填法消除地基冻胀，需在全部冻结深度或部分冻结深度内进行填换。其深度直接影响工程造价和防冻害的效果，一般应根据建筑类型、允许变形程度、冻结深度、土质及地下水位等条件确定。我国东北正规路面换填厚度为 20～30 cm，一般不超过50 cm，渠道衬砌的换填率（换填深度与冻结深度之比）为50%～90%，板形基础一般采用板厚加换填厚度等于当地冻深的办法确定换填深度。

对于换填料细颗粒含量的控制，粗颗粒土中粉黏粒含量控制在12%左右为宜，因为超过界限后，粗颗粒土的冻胀性就开始明显增大。板形、条形、挡土墙及斜坡桩等经过换填后，只要采用一定的措施让砂砾石换填料的水分能排出，则能起到很好的防冻效果。

在地下水位低，砂、砾石料较丰富，单价较低的地方，宜采用换填法。

（二）人工盐渍化法

人工盐渍化法是向土体中加入一定量的可溶性无机盐类，如氯化钠、氯化钙、氯化钾等，使之成为人工盐渍土，土基中加入可溶性盐后，可使电解质增加，增大土粒表面水膜厚度。由于粒子间的凝固，土粒的表面能和毛细管作用降低，根据不同交换性阳离子对土冻胀性的影响，加入钾、钠离子后就可大大抑制土体的冻胀性。一般多采用氯化钠掺入土体中，其掺量应以土壤种类和施工方法等条件而定，在沙质亚黏土中，可按质量比加入2%～4%的氯化钠、氯化钙，对含少量粉土和黏土的沙质土，可加入1%～2%的氯化钠或氯化钾。这种方法简单易行，材料广泛，也比较经济。其缺点是有效期短，一般五六年即会失效。

（三）保温法

保温法是指在建筑物基底部及四周设隔热层，增大热阻，以推迟基土的冻结，提高土中温度，减少冻结深度，起到防止冻胀的作用。

可用于隔热的材料很多，如草皮、树皮、炉渣、砖块、泡沫混凝土、玻璃纤维、聚苯乙烯泡沫等。水工建筑物属于"非保温"性的工程，当前我国北方广泛采用铺土、冰盖、苇草等做隔热层，现在有些工程采用聚苯乙烯泡沫塑料作为渠道衬砌或挡土墙的隔热层，效果良好。为防止热量从填土表面和墙壁体表面散失，用聚苯乙烯泡沫塑料做隔热材料应顺板底和散热表面方向铺设。采用聚苯乙烯泡沫塑料做隔热材料，其优点是自重轻、强度高、隔热性能好、运输施工方便，缺点是造价较高。因此，这种材料多在缺少砂砾石的地区使用。

（四）排水隔水法

排水隔水法是通过控制水分条件，达到消减或消除地基冻胀的目的。排水的根本目的是防止地基过湿，其措施有降低地下水位及季节冻层范围内土体含水量，隔断地下水的侧向补给来源和排除地表水。

（五）其他方法

其他方法包括结构增强和加大基础渠道埋深等。结构增强是指渠道衬砌可采用带肋板，增强结构的抗弯力，提高抵抗冻胀力的能力。加大基础埋深是指将基础底面深埋于冰层以下 25 cm，减小冻胀作用受力面。

参考文献

[1]王海雷，王力，李忠才．水利工程管理与施工技术[M]．北京：九州出版社，2018．

[2]李楠，王福霞，李红卫．水利工程施工技术与管理实践[M]．北京：现代出版社，2019．

[3]赵明献，鲁杨明，梁羽飞．水利水电工程施工项目管理[M]．南昌：江西科学技术出版社，2018．

[4]高喜永，段玉洁，于勉．水利工程施工技术与管理[M]．长春：吉林科学技术出版社，2019．

[5]刘勇，郑鹏，王庆．水利工程与公路桥梁施工管理[M]．长春：吉林科学技术出版社，2020．

[6]江苏省淮沭新河管理处，淮安市水利勘测设计研究院有限公司．水闸精细化管理用表[M]．南京：河海大学出版社，2018．

[7]张燕明，王海娟，易善亮．水工建筑物[M]．延吉：延边大学出版社，2017．

[8]牛志国，王新．船闸水工建筑物设计与工程实践[M]．南京：东南大学出版社，2019．

[9]林继镛，张社荣．水工建筑物[M]．6版．北京：中国水利水电出版社，2019．

[10]陈诚，李梅华．水工建筑物[M]．郑州：河南科学技术出版社，2019．